设计 Design+

空间无限力

世界各地
的咖啡馆
空间设计

[日]加藤匡毅　著

袁蒙　译

机械工业出版社
CHINA MACHINE PRESS

本书由学艺出版社授权机械工业出版社在中国大陆地区（不包括香港、澳门特别行政区及台湾地区）出版与发行。未经许可之出口，视为违反著作权法，将受法律之制裁。

北京市版权局著作权合同登记　图字：01-2020-1596 号。

图书在版编目（CIP）数据

世界各地的咖啡馆空间设计 /（日）加藤匡毅著；袁蒙译.
— 北京：机械工业出版社，2021.4（2025.3重印）
（空间无限力）
ISBN 978-7-111-67224-1

Ⅰ.①世… Ⅱ.①加… ②袁… Ⅲ.①咖啡馆—室内装饰设计 Ⅳ.①TU247.3

中国版本图书馆CIP数据核字（2020）第272474号

机械工业出版社（北京市百万庄大街22号　邮政编码100037）
策划编辑：马　晋　责任编辑：马　晋
责任校对：肖　琳　责任印制：孙　炜
北京利丰雅高长城印刷有限公司印刷

2025年3月第1版第4次印刷
187mm×240mm·11.5印张·237千字
标准书号：ISBN 978-7-111-67224-1
定价：98.00元

电话服务　　　　　　　网络服务
客服电话：010-88361066　机 工 官 网：www.cmpbook.com
　　　　　010-88379833　机 工 官 博：weibo.com/cmp1952
　　　　　010-68326294　金 书 网：www.golden-book.com
封底无防伪标均为盗版　机工教育服务网：www.cmpedu.com

前言

　　现在世界各地的咖啡馆琳琅满目。不过，即便是连锁店，虽然大多像日本的金太郎糖（据说用刀切开金太郎糖，所有的截面都是金太郎的面孔）一样，千"店"一面，但偶尔也会在旗舰店上下下功夫，打造出不一样的店面。在我居住的街区，就先后出现了许多充满个性的咖啡馆。

　　现代社会，人们通过智能手机和电脑，即可联通任何地方。也许是这种虚拟交流带来了逆向作用，现在的人们反而更加重视现实生活的空间。不同于手机 App 交互界面和网页设计的固定模式，这些咖啡馆植根于当地，独具自己的性格。

　　如何打造一间个性咖啡馆呢？美味的咖啡、人、咖啡师……这些都是咖啡馆的关键因素，不过本书要从"空间"，也就是建筑的角度来给出解答。

　　秉承"因地制宜"的原则，我本人也设计了许多咖啡馆，目前遍布的国家和地区已经超过 15 个。

　　虽然是外来者，但我造访当地时都会努力挖掘其魅力，以确立咖啡馆主题风格，然后精心打磨，力求营造一个"有性格"的空间。

　　虽然听着很简单，但咖啡馆设计并没有什么可以套用的既定公式，每个项目都是一个不断挣扎、不断探索、没有终点的旅程。

　　2018 年初春，我终于有机会回顾这段旅程，同时也成就了这本书。

　　本书共收录了 39 家日本国内外的咖啡馆（其中有 2 家已经停止营业，3 家是我本人设计的）。我曾因工作或是生活造访过这些店铺，每一家都令我印象深刻。利用这次机会，我带上相机、标尺、纸和笔再次登门采访。为什么这些咖啡馆令客人身心放松，印象深刻呢？这本书将通过对店主和设计师的采访，再辅以我个人的解读，为读者解开咖啡馆的"个性"之谜。

在从事设计工作前，素描和摄影就是我的个人爱好。在这本书中，我也将展示许多关于咖啡馆的素描和照片，让专业设计人士和非建筑从业者都能轻松阅读。

根据本人设计习惯中比较注重的三个方面，我将这本书分为3个部分：

第1部分　咖啡馆与环境

第2部分　咖啡馆与人

第3部分　咖啡馆与时间

第1部分主要讲述了咖啡馆设计是如何受到场地及其周边环境的影响，同时又是如何影响周边环境的。第2部分主要讲述了活跃在咖啡馆里的人们与咖啡馆的关系。第3部分则思考了如何将流逝的时间融入咖啡馆的设计。

大家可以从头开始阅读这本书，也可以翻到自己感兴趣的地方阅读。

既关乎营生，同时又能为街道打造出个性的一面——希望通过这本书，让越来越多的人意识到咖啡馆空间设计的重要性。

加藤匡毅

本书刊载的咖啡馆案例（日本）

●第 1 部分引用案例　　●第 2 部分引用案例　　●第 3 部分引用案例

36 OMOTESANDO KOFFEE
38 artless craft tea & coffee/artless appointment gallery
39 Dandelion Chocolate, Factory & Cafe Kuramae

06 the AIRSTREAM GARDEN
14 SATURDAYS NEW YORK CITY TOKYO
15 Blue Bottle Coffee 三轩茶屋店
16 ONIBUS COFFEE Nakameguro
17 GLITCH COFFEE BREWED @ 9h
19 KOFFEE MAMEYA

08 Dandelion Chocolate, Kamakura

18 六曜社咖啡馆

23 三富中心
30 MAMEBACO

37 walden woods kyoto

03 BROOKLYN ROASTING
COMPANY KITAHAMA

33 池渊牙科 POND Sakaimachi

27 NO COFFEE

31 CAFE Ryusenkei

22 HIGUMA Doughnuts ✕ Coffee Wrights 表参道店
28 COFFEE SUPREME TOKYO
29 ABOUT LIFE COFFEE BREWERS
32 FINETIME COFFEE ROASTERS

13 星巴克咖啡太宰府天满宫表参道店

本书刊载的咖啡馆案例（世界）

05 HONOR
07 Fluctuat Nec Mergitur

24 Bonanza Coffee Heroes

10 Seesaw Coffee - Bund Finance Center

21 KB CAFESHOP by KB COFFEE ROASTERS

04 Skye Coffee co.

20 Elephant Grounds Star Street

09 The Magazine Shop

02 CAFE POMEGRANATE

25 ACOFFEE
26 Patricia Coffee Brewers

01 Third Wave Kiosk
12 Slater St.Bench

11 Dandelion Chocolate - Ferry Building

34 Higher Ground Melbourne
35 Lune Croissanterie

目 录

前言

第 1 部分

places

咖啡馆与环境

舒适的咖啡馆令人忍不住久久停留，通常，这些咖啡馆与周围环境都有着千丝万缕的联系：有的咖啡馆能欣赏广阔美景，有的则令人在繁华都市中觅得半刻自由喘息……咖啡馆的氛围和空间均与外界隔离，令人内心平静，客人们在品尝咖啡的同时，自己仿佛也融入其中。

第 1 部分收录了 19 个咖啡馆案例，它们都充分发挥了场地的特色，在设计上颇为用心。我们将从以下三方面来解读它们的设计理念。

1. 向周围借景

这类咖啡馆重视场地的自然环境和文化氛围，并将其充分体现在设计中：有的借用壮丽的自然景观，有的与周围融为一体，有的则展示着当地特有的原始材料和工艺。

2. 淡化环境界限

这类咖啡馆将空间内部与外部的界限模糊化，或是索性摒弃界限：有的延伸到了自己的"领地"之外，有的则在原有的界限处打造了一个过渡区域。

3. 切断与外界的关联

这类咖啡馆完全切断了与外界的关联：封闭的设计将外部遮住，让咖啡馆形成一个独立的空间。

01 / 敬畏自然，与环境共存

Third Wave Kiosk 第三波亭（澳大利亚托尔坎）
——Tony Hobba Pty Ltd（托尼·霍巴建筑师事务所）

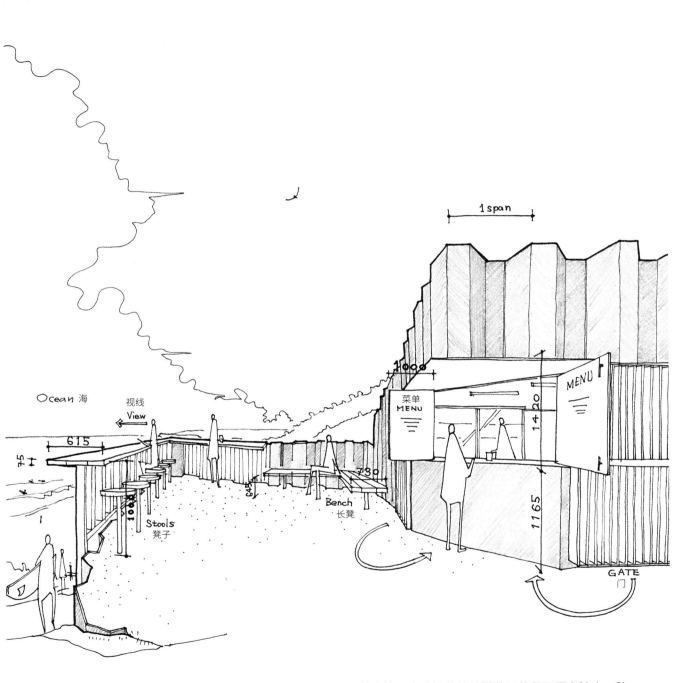

这是一家坐落于海边缓坡上的咖啡馆，店铺正对着一望无际的大海。咖啡馆的外墙壁使用的是可固定沙土、防水的钢板桩，经过海风的侵蚀，有些锈迹斑斑；同时，经过设计师的巧妙用心，从海边沙滩抬头眺望时，咖啡馆的建筑形状和缓坡的棱线恰好融为一体。建筑师们正是如此利用设计，诠释着与环境的共存。

咖啡馆 Third Wave Kiosk 位于澳大利亚托尔坎，这里冲浪爱好者云集，而这家咖啡馆则坐落在略高于海岸的位置。Third Wave Kiosk 面朝辽阔的大海，天花板足有 2.6m 高，是一个只能外带的简约咖啡摊位。海天一碧，美景之下，咖啡师为客人冲一杯咖啡，客人在啜饮之余亦可以海景佐餐，真是名副其实的"海景咖啡"。

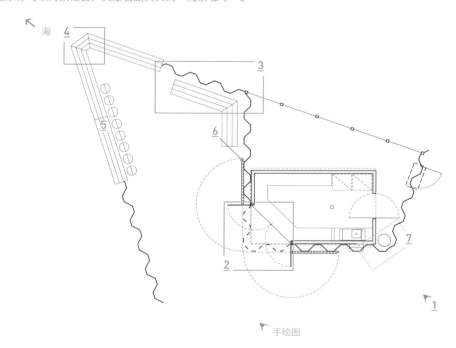

手绘图

将部分外墙做成可开闭的前台，打开折叠门，两侧恰好露出了菜单。

咖啡馆由钢板桩组成，与外面的钢板桩自然相连，可以固定沙土。

咖啡馆一旁设有可以眺望大海的吧台座位，同样，也是利用钢板桩做成的。

吧台由 3 块木板制成。

闭店时需要将这个钢板和木门关上。在海风的常年吹拂下，钢板的锈迹也蔓延到了木门上。

钢板桩参差不齐，反而使咖啡馆的外墙曲线看起来更加充满律动感。

考虑到海边常有湿漉漉的冲浪者，设计师在建筑材料上选择了一般用来固定沙土的钢板桩，将"自然"与"咖啡馆"融合在一起。从小露台到整个咖啡馆的外墙壁，使用的都是容易生锈的钢铁材质，可以让人感受到在自然面前，人类建筑的"刚"与"柔"。

02 / 不止是借景

CAFE POMEGRANATE 石榴咖啡馆（印度尼西亚巴厘岛）
——中村健太郎

CH 7500

Rattan
Finish
藤制

2000

2200

稻田
Rice Terrace

View 视线

木地板
Wooden Flooring

80° 500

1000

在巴厘岛一望无际的稻田中突然出现的开放式咖啡馆，尖尖的屋顶如草帽一般。白色水磨石材质的地面上立着
8 根圆柱作为支撑。咖啡馆内没有任何隔断，可以说是 300°无死角开放，顾客在店内任何一个角度都能欣赏到全
景稻田风光。

离开巴厘岛乌布的繁华大街，在狭窄的小路和田畦边走上大约 20 分钟，便可以看到稻田中的咖啡馆 CAFE POMEGRANATE 了。
这家咖啡馆造型独特，与周围景致完美融合，彰显着超越时代的田园与建筑之美。当地稻米为一年三熟，临近收获前，茁壮
的水稻甚至会伸展至咖啡馆里。

稻田

稻田

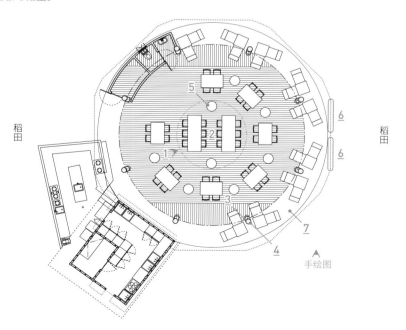

手绘图

尖尖的房顶如草帽一般，高约 12m。这样的结构也使建筑内形成了一个无支撑空间。

灌入混凝土的水管作为梁柱，支撑着巨大的屋顶。

每个柱子旁都有扫帚形状的暗灯，照向屋顶。

玻璃吹制而成的落地灯，与盆栽植物连为一体。

屋檐下挂着自制的帘子，既能防晒，还可以遮挡突如其来的骤雨。

白色水磨石材质的地面延伸到了稻田。

这家咖啡馆的设计者就是店主本人，因为痴迷这片稻田风光，他决定在此开一家咖啡馆。除了大屋顶以外，咖啡馆的柱子、地面、家具也都包含有圆形或是曲线元素，从这些细节中，都可以窥见设计者的个性。他利用巴厘岛有限的工匠、素材和工艺，将其巧妙组合，打造出这个充满创意的咖啡馆，同时也表达着对这片土地的敬意。

03 / 办公街区里的 "纳凉床"

BROOKLYN ROASTING COMPANY KITAHAMA
布鲁克林烘焙公司北浜店（日本大阪府大阪市）
——DRAWERS

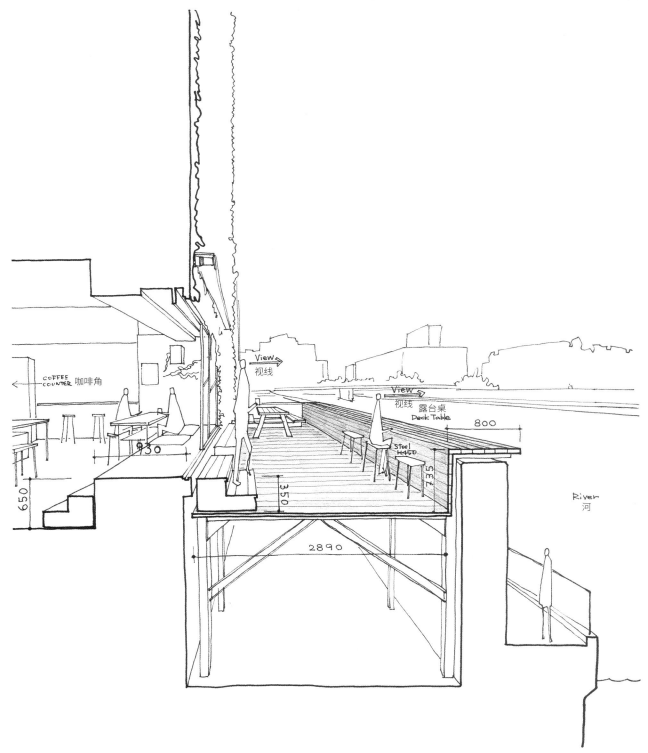

借助周围美景的咖啡馆并不少见。这家 BROOKLYN ROASTING COMPANY KITAHAMA 位于大阪中心地带，可以欣赏到汇入大阪湾的平稳宽河和对岸绿意盎然的中之岛。此外，咖啡馆位于大路与河床之间，利用这一特点，设计者让现有建筑向外延伸出一片露台区域，打造出一片舒适宜人的咖啡空间。

1

这家咖啡馆位于大阪北浜，面朝河面，从对岸的中之岛望过来，一片林立的高楼中，唯有咖啡馆向外延伸的露台与外墙上攀缘的爬山虎引人瞩目。咖啡馆建成后，周围的大楼也模仿着修建了相同的露台，在河岸边形成了一条新的散步小径。

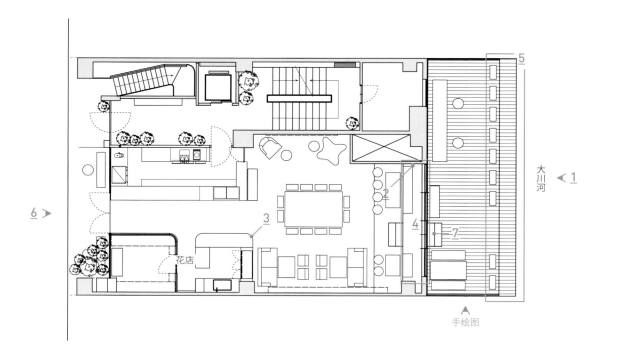

花店

大川河 ◀ 1

6 ▶

3

2

4

7

5

手绘图

绿油油的爬山虎与店内的爬山虎元素艺术品形成呼应，灰浆墙壁与木制音响的颜色搭配非常舒服。

有些斑驳的混凝土地面，配上圆角木制吧台。

窗边的基础梁成了连接露台的踏面，还可以把其当成座椅使用。

露台边设置有 800mm 宽的木制吧台，还可当作扶手。

这家咖啡店同时也是花店，面朝大路的店面被装点得非常华丽。

露台与原有建筑的窗户间存在高低差，店家则利用这一特点设置了台阶。

据说，这家店铺设计之初，大路与河岸之间还没有这么多高楼。当时，设计者恰好租借了楼上作为事务所，所以他很早便意识到这条河的魅力与价值，在设计时便想到了搭建露台的创意。现在，这一带有越来越多的店铺开始搭建露台，当地政府也在积极开发水边的空间。希望今后能有更多的咖啡馆，通过自身的设计，激发街区的新魅力。

04 / 可以拆卸的咖啡馆

Skye Coffee co. 斯凯咖啡（西班牙巴塞罗那）
——Skye Maunsell Studio（斯凯·曼塞尔工作室）

旧仓库改装而成的艺术廊里，突然出现了一辆厨房车——这其实是一个咖啡馆。厨房车内部的家具均可拆卸，和画廊里的桌子组装在一起，就变成了一个脱离车体的咖啡馆。这样的设计也向人们展示了咖啡馆所必需的最简配置。

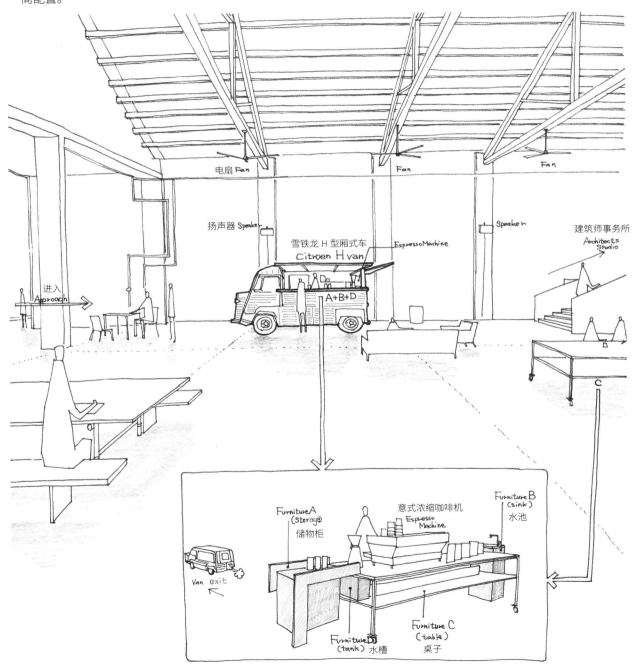

从巴塞罗那中心地带骑自行车大概 10 分钟，就可以到达这个工业区仓库旧址。身为建筑师和装修设计师的店主夫妇将旧仓库改装为办公室，同时，这里也是画廊"Espacio88"。艺术廊里停放着一辆厨房车，基本随时向所有参观者开放。

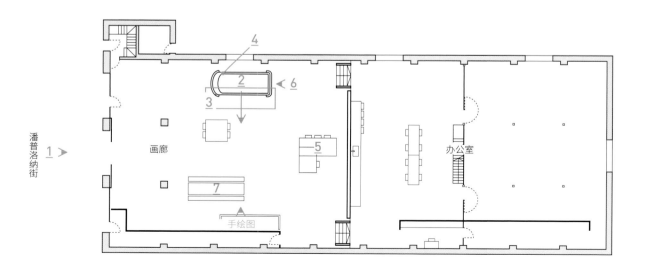

从厨房车内部向外望，可以看到画廊的座席。

钢铁材质的厨房车里卸下的椴木复合板，材质上对比鲜明。

咖啡馆内部家具（洗涤池、给排水槽等）都是根据厨房车的曲线特意定制的。

画廊内部。中央的桌子可以和厨房车的家具进行组合，用作咖啡馆的吧台。

从厨房车后门可以看到椴木复合板的台面和意式浓缩咖啡机。

利用钢管和粗制木材组合而成的桌椅。

画廊里使用的是雪铁龙 H 型厢式车，这款车也常被用作移动售货车。在车身加上扶手，安装可拆卸的家具，给人焕然一新的感觉。家具，构成了咖啡馆的最简配置，而一切都集中在可移动的厨房车里。这就好比我们与自己的衣服的关系一般。

05 / 建在中庭的台阶上

HONOR 荣誉（法国巴黎）
Studio Dessuant Bone (Paris) & HONOR
（德叙昂·博恩工作室）

这是一家坐落于中庭阶梯上的咖啡馆，原本是一家快闪店，店面均由便宜、轻便的材料拼装而成。斜射而下的阳光透过屋顶，气压杆式的屋檐和白色内饰给人以明亮洁净的印象。在被厚重建筑物包围的中庭里，这家通透明快的咖啡馆显得格外与众不同。

这里是巴黎第8区。风格肃穆的英国大使馆对面，厚重古老的石质建筑上，有一个小小的招牌"COMME des GARCONS"（川久保玲的设计品牌）。沿着阴暗悠长的小路走入中庭，突然间人声鼎沸，这家小咖啡馆也随之映入眼帘。这种"反差"也正是其魅力所在。

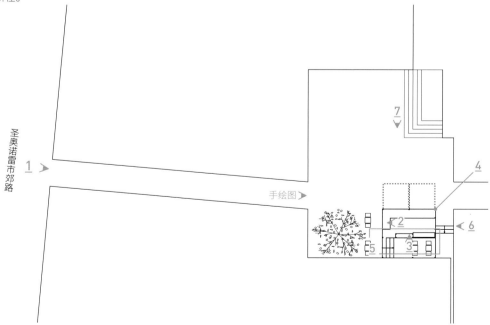

透过咖啡馆PC（聚碳酸酯）材料的外壁，可以看到中庭的风景。

座席借用了咖啡馆内的阶梯，客人可以坐在咖啡师身后，俯视店内环境。

咖啡馆的黑色柜台与中庭的花岗岩地砖恰好形成45°角。

柜台内侧高一阶的座席，阳光可以透过开放式收纳架照射进来。

柜台侧影，上面有阳光照射下来。

从中庭内侧远眺咖啡馆。咖啡馆里其实也藏有与照片左下角相同的阶梯。

坐落于中庭阶梯的小咖啡馆，既温暖又热闹。独特的设计，源自于店主夫妇的创意，他们同时也是这家店的咖啡师。经过多次与设计师的沟通，这家店铺终于诞生。据说，起初他们只是想将咖啡馆建在阶梯上，后来发现，这样的高度差更方便客人从背后欣赏店铺柜台内侧的风景。如此朴素的创意，非常值得我们学习。

06 / 坐落于都市的空地上

the AIRSTREAM GARDEN 气流公园（日本东京都涩谷区）
——**T-plaster** 水口泰基（提案）

卫生间·仓库
wc.stock

点单
Order

Espresso
Machine

Bench

Bench

300

1010

925

2570

340

500

拥挤的都市建筑群中，突然出现了一片木板露台，一旁的两辆房车便是 the AIRSTREAM GARDEN 咖啡馆了。广
阔的天空下，露台旁的咖啡馆造型"高冷"，圆圆的车身让这一切看起来似乎与周围环境不是很搭，但走上露台，
买杯咖啡，坐在长椅上，就会使人内心平静下来。

1

表参道的高楼大厦里，藏着一片小空地，停放着两辆房车。其中一辆面朝大路，后部的车窗被改造成咖啡师的工作台；内侧还有一辆，则是仓库兼卫生间。周围用大量木板铺设露台，同时特意垫高，与车厢高度持平，像是把两辆车包围在一起。

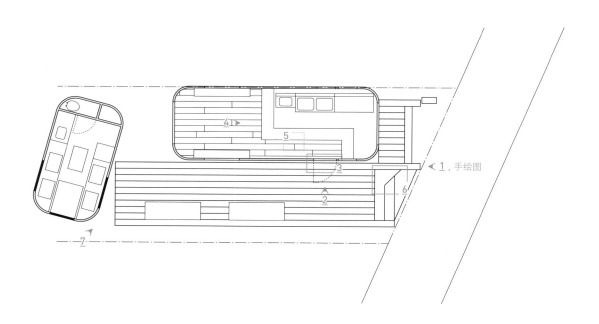

◄ 1，手绘图

咖啡车入口，车门也是店铺的招牌。

配合车厢高度，特意垫高了木制露台。

将车厢已有的内饰涂成白色，加设了木制吧台。

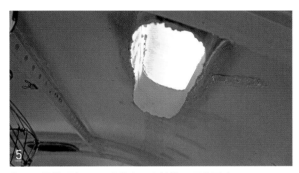

车顶开设的顶灯，可以看出原有装修厚厚的层次。

为配合车厢高度，垫高的露台与地面之间被分成了四阶台阶。

从高处俯瞰咖啡馆，给人以奇妙的感觉。

这片空间位于表参道附近，如果与周围一样，建成一座高楼，想必会收益颇丰。不过，这片空间的所有者却在此安置了两辆房车，打造了一个像公园一样的咖啡区域。这片小天地吸引了不少人，有时还会举行小型活动，既连接了咖啡馆与街道，同时又活跃了气氛。不一味追求经济效益，勇于提出全新价值观，这种理念非常难得。

07 / 凸显轴线的矮屋

Fluctuat Nec Mergitur 浪击而不沉（法国巴黎）
——TVK & NP2F

Monument

Large 大房檐
Canopy

750

8650

3000

View toward
Monument
纪念碑

水雾
Mist

第3排   第2排   第1排
Third   Second   First

4   2   1

矮屋长长的屋檐将公共的广场与私密的咖啡馆连接，营造出一片中立开放的区域。正面可以看到这座广场上最为瞩目的雕像——象征自由、平等、友爱的玛丽安（Marianne），而咖啡馆也有意识地与之相呼应，重视中心轴线，营造统一感。

这家咖啡馆位于巴黎第 10 区的共和国广场西侧，广场上矗立着玛丽安雕像，象征着法兰西共和国的自由、平等、友爱。同时，共和国广场也是许多大型游行的出发地点，在历史上颇为有名。2013 年，共和国广场曾进行过翻新。翻新后的广场明亮、安全，吸引着男女老少前来游玩休憩。

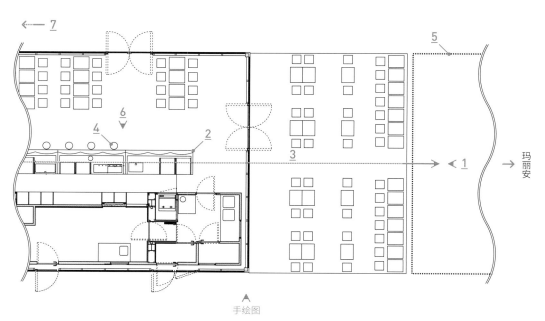

手绘图

地面和吧台底部都采用了水磨石材料。

咖啡馆的中心轴线恰好正对着玛丽安雕像，中心轴线上特意没有设置座席。

吧台材质厚重，因此为其搭配了轻巧的木制高脚椅。

咖啡馆前的广场每隔几分钟就会喷起水雾。

建筑和家具的配色沉稳低调，吧台上则摆放了一些颜色鲜艳的小物。

仿旧材质的广场陈列物也可以当作长椅使用。

咖啡馆的名字"Fluctuat Nec Mergitur"源自于巴黎市市徽上的标语，意思是"浪击而不沉"。共和国广场对于经历了革命与战争的巴黎市民们来说，是一个非常特别的地方。正因为如此，设计师赋予了这家咖啡馆独特的设计理念，让其与周围的广场融为一体，从店内即可看见广场上的玛丽安雕像。

08 与街道的活动线共生

Dandelion Chocolate, Kamakura
丹丽安巧克力镰仓店（日本神奈川县镰仓市）
Puddle + moyadesign（莫亚设计）

DANDELION CHOCOLATE

樱花树
Cherry blossom tree

常春藤
IVY

VIEW

IVY

VIEW

Espresso Machine

canopy

车站 STATION

Exit

Tunnel
地下通道

设计者保留了当地人常年使用的街道活动线，将其改造成咖啡馆的门面。阶梯上原有的园艺种植坛现在变成了咖啡师的飘窗工作台。拾级而上，小小的过道被绿荫的屋檐遮盖。这样的设计既实现了咖啡馆与当地居民活动线的融合，又让咖啡与日常生活自然相连。

这家咖啡馆位于 JR 镰仓站西侧，包括连接车站东西的一条地下通道及其上面的道路。细长的店铺里，中央的吧台最为瞩目。
一进门，右手边是零售货架，正面则是通往二层的楼梯，左手边是咖啡师的工作台。三个方向均有玻璃窗，采光充足。

镰仓站

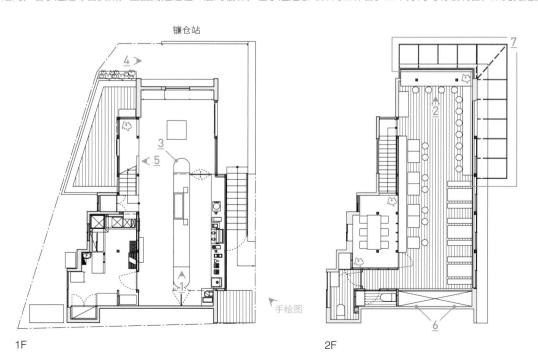

手绘图

1F   2F

咖啡馆二层可以看见 JR 镰仓站。从车站月台方向看过来，这个位置就像是店铺的招牌。

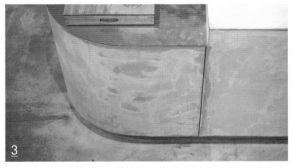

灰浆质地的吧台，拐角部分略微降低了高度，装饰上铜板，可当作陈列台使用。

店铺正门口设计了屋檐和长椅，能够加强与往来行人的联系。

透过楼梯可以看见露台座席。

通风井悬挂着照明灯和绿植，内侧墙壁里嵌着两个音箱。

利用原有的镂空铁架搭建屋檐，遮挡外部街道。

这家咖啡馆由我本人设计，也是一次探索建筑、咖啡馆与街道共存的尝试。这个建筑曾经是一家和服店，门前的小路和阶梯都是当地居民日常生活经常途径的通道。如何能够保留这种功能呢？最终，我们打破了原有建筑的地基，尽可能拓宽原有阶梯的宽度，让咖啡师的工作台从阶梯上方"凸"出，这也构成了咖啡馆最引人注目的门面。作为这条街道的"新面孔"，我希望自己的设计既不会打扰当地人的生活，同时又可以创造出新的风景。

09 / 在金融街使用原始的材料和工艺

The Magazine Shop 杂志店 （阿联酋迪拜，现已闭店）
——Samuel Barclay（塞缪尔·巴克利），Anne Geenen（安妮·格南）

快闪咖啡馆 The Magazine Shop 为迪拜带来了新的风潮。虽然现在的迪拜是个繁华的金融城市，但以前，这里也有着本地的材料和工艺。这家咖啡馆便将这些融入其中，创意立体。除了咖啡外，还通过杂志或是举办活动，在钢筋水泥的都市森林中，推广风格原始的材料与工艺。

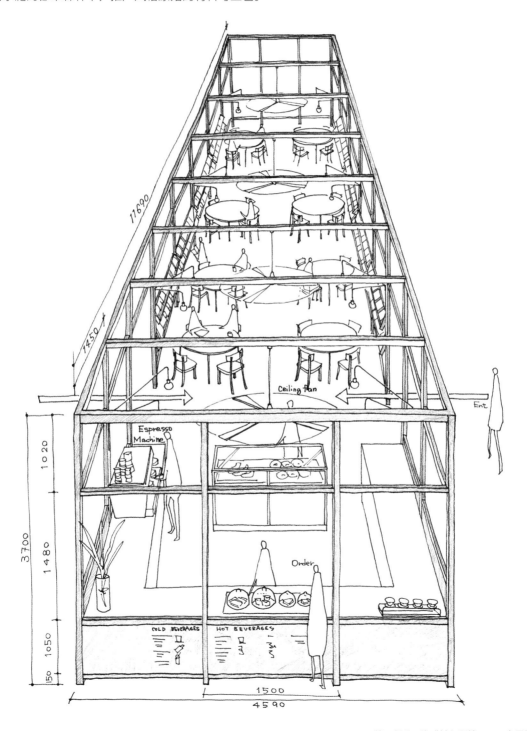

1

在迪拜的金融街区里有一个专供步行者使用的底层架空建筑，这家快闪咖啡馆就坐落其中。咖啡馆由柚木框架组装而成，长4.6m，宽11.7m，高3.7m。店铺正面是咖啡师工作台，外侧贴有黑色石灰岩，店内的座席旁安装了农用纱网、杂志架、垂饰照明灯，上部的木框上还安装了吊顶扇。

手绘图▶

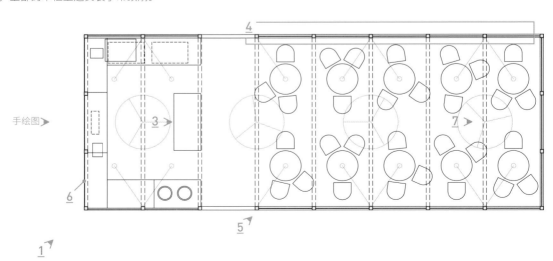

4

3

7

6

5

1

施工时的情景。这家咖啡馆的设计者是一边与施工工人探讨细节一边着手设计的，两者同时进行。

工作台后面是被"框"出来的座席区域。

柚木架子上摆放的杂志装点着座席。

垂饰照明灯吊挂在铜质管道上，光线透过农用纱网，变得非常柔和。

直接写在石灰岩板上的菜单像是手工艺品一般。

咖啡馆内有时还会举行演唱会，也是一个文化交流的场所。

这家咖啡馆的店主同时也是一名文化时尚杂志出版人，非常关注飞速发展下迪拜人的细致生活与文化。他希望通过这家咖啡馆，可以暂时找回迪拜乃至中东地区人们遗失掉的那些素材、技术，以及曾经引以为傲的东西。咖啡馆的墙壁和天花板均使用了原住民族的常用材料，没有隔断，甚至没有安装空调。任何人都可以走进这家开放式的咖啡馆，寻找曾经老街的回忆。

照片提供：case design

10 / 用平等的关系营造开放感

Seesaw Coffee - Bund Finance Center
西舍咖啡金融中心店（中国上海）
——**Tom Yu Studio**

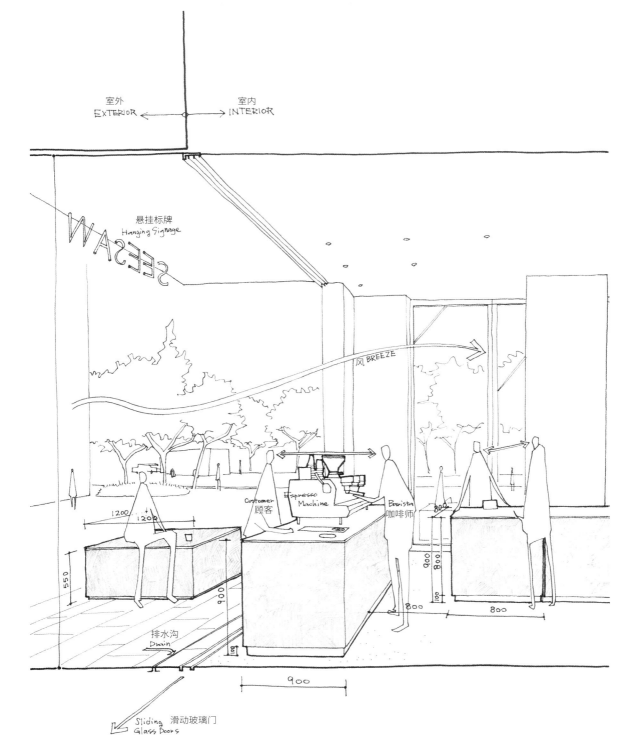

室外 EXTERIOR ← | → 室内 INTERIOR

悬挂标牌
Hanging Signage

SEESAW

风 BREEZE

Customer 顾客

Espresso Machine

Barista 咖啡师

1200
1200

550

900

800
900
800
100

800

800

排水沟
Drain

900

Sliding Glass Doors 滑动玻璃门

两扇巨大的落地玻璃组成咖啡馆的一角，窗内的店铺与窗外的广场彼此相融，独创的箱型家具更是淡化了顾客座席与咖啡师工作区的界限。这家咖啡馆名叫 "Seesaw"（意为跷跷板），正如店名所示，店铺在设计上也在很用心地营造外与内、顾客与咖啡师之间的平等关系。

<u>1</u>

这家 Seesaw Coffee 位于一座写字楼一层，正对着楼前广场。巨大的屋檐与天花板连成一体，下面放置着大大小小的箱型家具，可供顾客等待咖啡时小憩；也可以坐在工作台旁边，观看咖啡师冲泡咖啡。利用这些造型独特、边长为 0.3m 的彩色方块，可以任意组成不同大小和高度的桌椅，甚至也可以充当咖啡师的工作台。

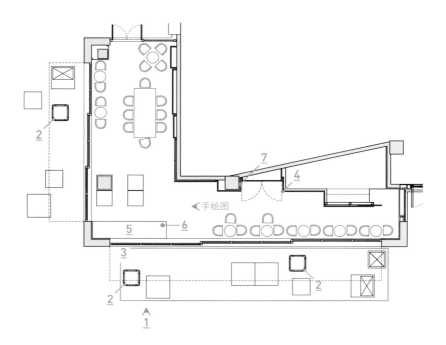

箱型家具还带有铁管架，大概是为了方便顾客拴住宠物绳。

各种颜色和大小的箱型家具，顾客们可以随意使用。

家具和墙壁都是建筑师的个人原创，是将废纸和废布按颜色分类，压缩后制成的。

咖啡师工作台下部安装有 100mm 高的壁脚板。

不锈钢台面上开了一个洞，里面其实是垃圾桶。

墙壁使用硬质材料，但用手触摸，可以感受到特有的温暖。

Seesaw Coffee 是一家发源于中国上海的第三浪潮咖啡馆，目前在中国国内有 20 家店铺，由不同建筑师设计，但都秉承着 "Seesaw" 的理念。这家门店位于上海外滩金融中心（BFC），店内的家具和使用独特材料 "压缩再生布块" 制作的墙壁，既是建筑师面临的挑战，也是其向公众传递信息的方式。随着经济发展，中国也在向消费社会转型，垃圾等负面问题随之而来。这样一家咖啡馆将研发新型材料、解决社会问题与设计感完美地结合在了一起。

11 / 可推入街区的移动式柜台

Dandelion Chocolate - Ferry Building
丹丽安巧克力渡轮大厦店（美国旧金山）
——Puddle + moyadesign

这是一家位于旧渡轮码头里的小咖啡馆。因为仅可以"在营业时间内使用1.2m的公共空间"，所以店内特意将工作台等家具都做成了可移动式的，营业时可推到街上，融入行人中，闭店时则收进店内。这种对空间的自由利用也淡化了原本的环境界限。

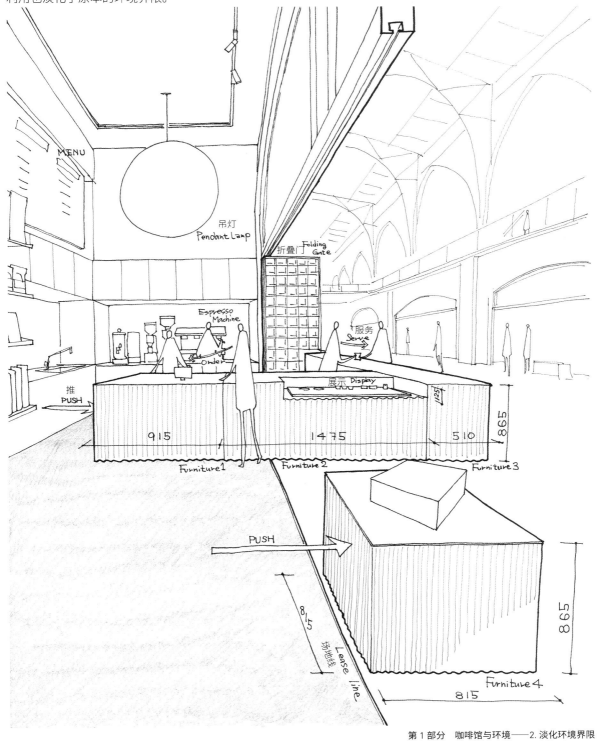

1

这家咖啡馆位于原是渡轮码头的旧金山渡轮大厦。两层天井的渡轮大厦结构通透，咖啡馆则位于其一层入口，采光充足。浅色砖块拼成的拱形是整个大厦的大门，也让咖啡馆与外面的通道连为一体。店中央的柜台左侧是利用墙壁做成的零售货架，右侧则是咖啡师的工作台。

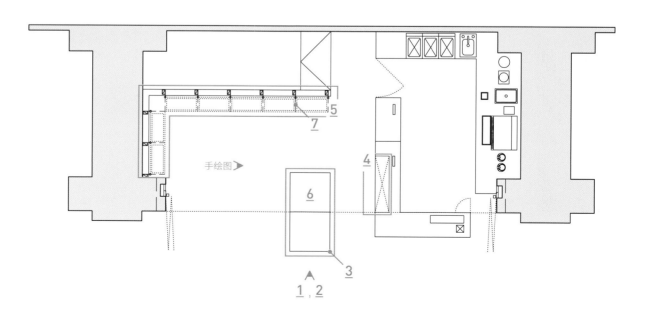

手绘图 ➤

闭店时，渡轮大厦的铁栅栏门会关上。

由波纹板组成的可移动柜台，上面安装了6mm厚的铜板作为台面。从切割到组装全部是在工厂里完成的。

油酥点心（pastry）的展示台，台子是由数控（NC）加工的波纹板组装而成的，上面又铺了天然大理石作为台面。

一旁的零售货架由波纹板、竹柱及铜板组装而成。

店铺中央是可移动柜台。波纹板是柜台的暗门，打开后里面是收纳空间。

使用表面打磨过的竹柱及带有弧度的铜板加固货架。竹柱之间还安装有暗灯照明。

这家咖啡馆是我本人的设计作品，我也希望借此机会将日本的竹制品推广海外，利用美国的工业制品与日本的手工艺品共同打造一个新型咖啡馆。这家店的特点是柜台可移动到街道，街上的行人不知不觉就已经进入正在营业的店铺内；同时，店内的家具基本都是在工厂内完工后直接运到店内的，避免了店内现场施工高昂的人工费用。

12 / 窗边的小细节让内外融为一体

Slater St. Bench 斯莱特街长凳（澳大利亚墨尔本）
——Joshua Crasti and Frankie Tan of Bench Projects
（长凳项目的约书亚·克拉斯蒂和弗朗基·塔恩）

街角的咖啡馆，将室内外空间结合，俨然一个小小公园。与那种仅靠打开窗户模糊内外界限的咖啡馆不同，这家 Slater St.Bench 在店内设置了没有靠背的低矮长椅，巨大的窗户也均使用隐形框架固定，让室内的咖啡馆与室外的绿荫路融为一体，令人心神愉悦。

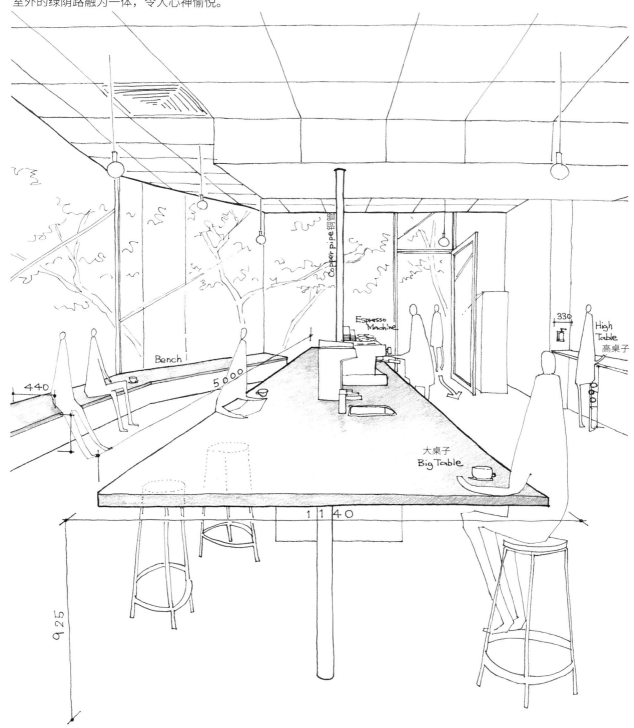

这家咖啡馆位于墨尔本斯莱特大街与有轨电车所在主干道的交叉路口，占据了大楼的一角。咖啡馆外壁是巨大的玻璃窗，上面贴了隔热膜，因此从外面无法完全看到店内的样子。此外，咖啡馆在室外设置了许多露天座席，比室内座席宽敞不少。

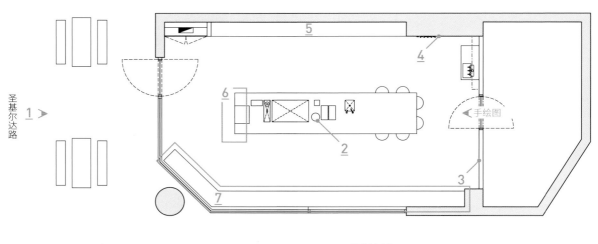

斯莱特大街

从天花板延伸下来的铜管其实是给排水管，没有埋在地面下，使店内显得更加平坦。

亮度柔和的发光屏菜单挂在墙上，同时也起到照明作用。

店员的围裙就挂在商品货架旁，淡化了店铺在空间上的内外概念。

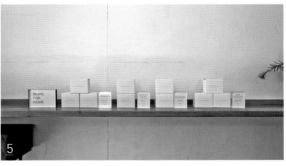

咖啡师背后的墙上是一个陈列架，同时也是一个站立式吧台。

混凝土地面上，阳光透过窗户照射在木板与钢材料制成的柜台上。

沿着街角道路设计的 L 形长椅，阳光下的树荫非常美。

咖啡馆中央是一个不会遮挡视线的简约型咖啡工作台，此外还有沿着外壁玻璃设计的低矮长椅。据说，这些家具都是利用旧消防署的废弃木材制作的。咖啡师和客人在店内自由走动，彼此没有界限，大家找到自己心仪的位置就可以随意坐下。街边的绿树也会为咖啡馆遮住阳光，制造荫庇，在这里，就如同坐在公园里一样惬意。

13 / 纵横交错的四棱木材吸引路人

Starbucks Coffee
星巴克咖啡太宰府天满宫表参道店（日本福冈县太宰府市）
——隈研吾建筑都市设计事务所

咖啡馆入口是一条与大路垂直的木条隧道，利用传统的接榫方式"地狱组⊖"，将直径 60mm 的四棱杉树木条层层叠叠组装在一起。组合木条中还嵌入了退缩尺寸的玻璃，略带斜度，一直延伸至深处的庭院。充满流动感的设计吸引着表参道的游客们，也淡化了内外的界限。

⊖ 地狱组，不使用钉子，即可连接木条的一种传统接榫方式，过去常见于日本的纸拉门（障子户）。 ——译者注

这家咖啡馆位于太宰府天满宫表参道、鸟居的附近。设计者大胆地利用四棱木条组装成隧道，还在退离大路一段距离的位置嵌入玻璃，同时控制了建筑的高度，充分考虑了对周围环境的影响。咖啡馆的屋顶、两侧外墙都使用了边角锐利的金属板材，更加突出了木条结构的漂浮感。

手绘图↘

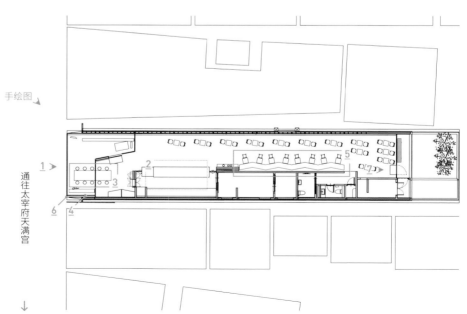

通往太宰府天满宫

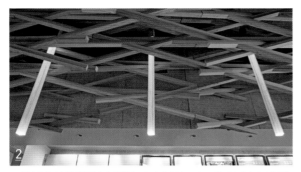

天花板的悬吊照明灯形状与木条相似，表面还贴上了木制饰面板。

从店内可以看到外面的表参道。通透的落地窗让店内外连成一体。

木材背后可以看到水泥刨花板。这些组合的木条既体现了设计者的匠心，也是店内的重要结构。

仿照木条结构制作的"之"字形沙发，不同的位置，视线方向也有所不同，可制造出适量的距离感。

从表参道向店内看，木条接口的小细节。

木条隧道最深处是一片小小的斜坡庭院，人们的视线也不由自主地被吸引到空中。

设计者使用了日本旧时用来制作纸拉门的传统结构"地狱组"，将四棱木条组装在一起，制成了一个木条隧道，隧道尽头是一个小小的庭院，种着太宰府天满宫标志性的梅花树，仿佛又打造了一条新的"参拜道"。这独特的设计，也吸引了许多客人想要走进深处一探究竟。寺庙建筑经过长时间的风吹日晒，别有一番古韵，而这木条隧道是否也会随着时间的流逝而发生变化，令人颇为期待。

14 / 在入口处留白的意义

SATURDAYS NEW YORK CITY TOKYO
星期六纽约城东京店（日本东京都目黑区）
——General Design 一级建筑师事务所

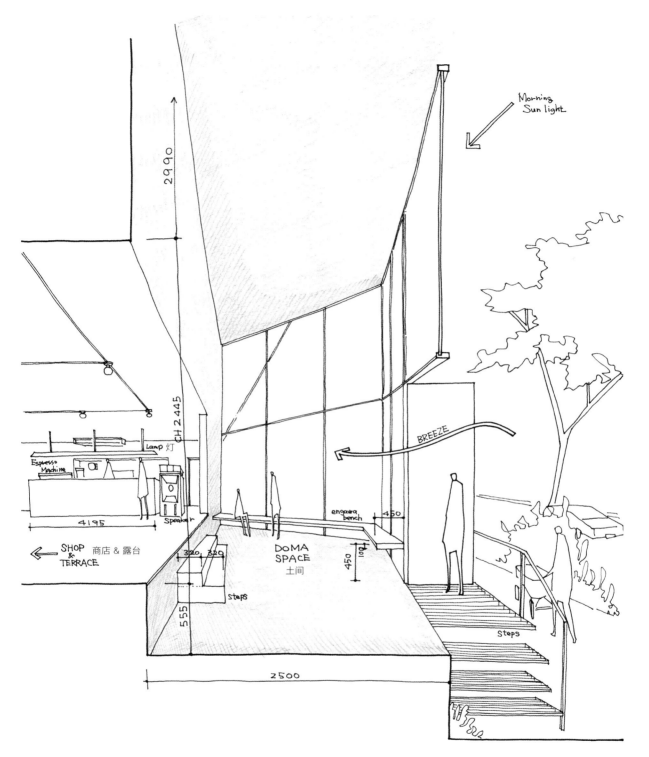

这是一家海滨风服饰专卖店里的咖啡馆,店内地面与外面街道相比高出 1m 多,天花板低,很有纵深感。设计者设计了双层通风井,并在入口处留出巨大空间,弥补了原本建筑条件上的缺陷。刚进店的位置只有一排长椅,留白的设计将这里打造成为一个门厅,吸引顾客入内浏览店内品牌。

1

这家店毗邻涩谷区代官山旧山手通，这一带大使馆云集，有很多楼层不高、正面较宽的建筑。为了与附近建筑在大小尺寸上保持一致，店铺正面采用了一面巨大的玻璃窗，夏天时爬山虎攀缘至外墙，与周围的树木形成呼应。

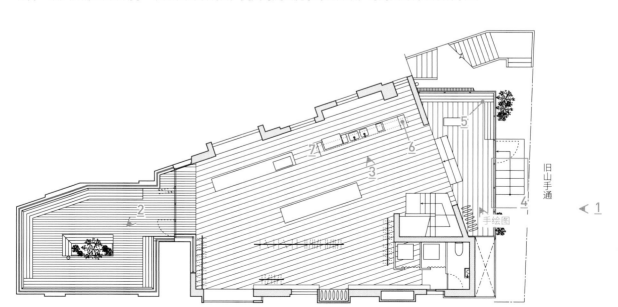

走进店内，还会发现一个小露台，可以远眺街景。

咖啡机一半从柜台上露出，一半藏在柜台下；柜台是灰浆质地的。

钢格板制作的楼梯与街道平行，通往店铺入口。

长椅安装在凸出的窗户框架上，看起来更加轻便。

柜台旁的复古音响也可以让人感受到店主对声音的高品位。

对钢材料的照明灯具进行了涂装，简约大方，高悬在柜台上方。

　　一般的咖啡馆都会让商品或是咖啡师面对着街道，但这家咖啡馆的设计者特意进行了留白设计，也成功让整个店铺升华成为一个更为舒适惬意的空间。这家服饰店主张在都市文化中融入海边冲浪元素，基于这一理念设计的咖啡馆也为进店的客人提供了一个重整心情的场所，让人们在小小的服饰店里联想起遥远的大海。

15 / 正门前的小巷

Blue Bottle Coffee 蓝瓶子咖啡三轩茶屋店（日本东京都世田谷区）
——Schemata（图解）建筑计划 长坂常、松下有为、仲野康则

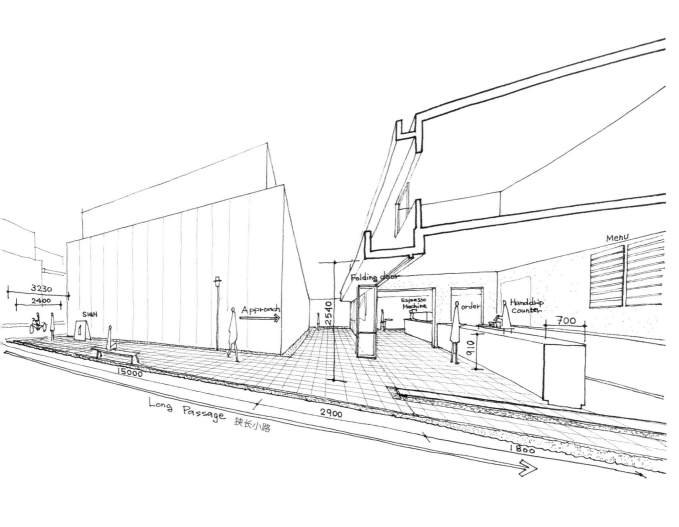

很多咖啡馆喜欢充分利用空间，修建充满个性的门面，不过这家 Blue Bottle Coffee 则索性接受了这座狭窄的建筑和门前细长的小路。店外的小路完全由混凝土平板铺制，没有任何多余的装饰，却是整个空间中非常重要的一部分。沿着这样一条深深的巷子走进来，顾客们也会对咖啡馆有更多一分的期待。

BLUE BOTTLE COFFEE

这座建筑原本是私人住宅，同时也是一家诊疗所，一层经过改装，变成了咖啡馆。咖啡师站在店铺正面工作，仿佛在静静守候着每一个走过三轩茶屋商业街的行人。咖啡馆右侧的小路通往二楼房主家，以及房后的画廊和庭院。

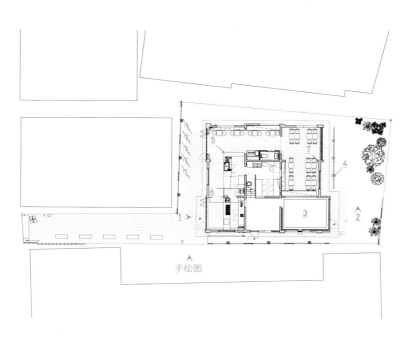

手绘图

2

以前这里还是诊疗所时，房后就有这个庭院，一层还有个小露台，可以欣赏庭院的风景。

3

画廊内没有明确的空间分隔，从庭院进来的路是其唯一通道。

4

露台外的扁钢栏杆，可隐约看出长期使用的痕迹，上面是可拆卸的耐水性黄桦木板桌。

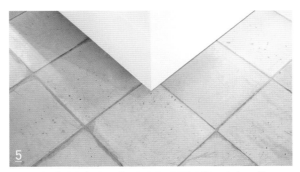

5

隐形拼接的白色柜台，像是漂浮于混凝土地面之上一般。

6

贯穿整个咖啡馆的柜台，为咖啡师与顾客划分出各自的区域。

7

保留了原有建筑的质感，与新风格的家具形成对比。

对于狭小场地来说，狭长的小路可以说是一大设计难点，设计者特意将小路处理成一块没有任何冗余的空间，打造出一个内外连为一体的店面。可以说，就连外部的环境，也融为了咖啡馆空间的一部分。现如今，大多数商业设施都在推崇积极（甚至激进）的店面设计，这家藏在小巷子里的咖啡馆则显得格外另类，如果不留心寻找，甚至可能错过。这样的店面设计，有许多值得我们学习的地方。

16 / 伸出街边的小屋檐

ONIBUS COFFEE Nakameguro
公车咖啡中目黑店（日本东京都目黑区）
——铃木一史

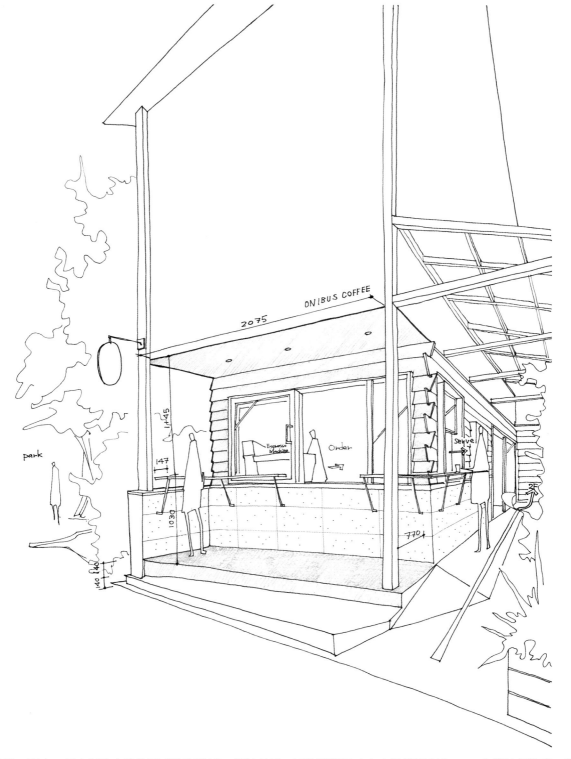

这是一家由二层木制住宅改造而成的咖啡馆。设计者将一层的建筑尺寸向内退缩了 900mm，在街边打造出一片屋檐下的空间。顾客们聚集在这里，构成了咖啡馆最为夺目的风景。左右两侧保留了原有的木桩，也凸显着改装前老建筑的静谧风格。

这是一座木制建筑，毗邻东急东横线沿线公园。向内退缩的点餐柜台外壁上贴着大谷石材料，窗户旁像盔甲一样的分层装饰使店面看起来颇具特点，与一旁的公园及绿植搭配在一起非常和谐。从上图右侧的屋檐下穿过，可以通往二层的座席。

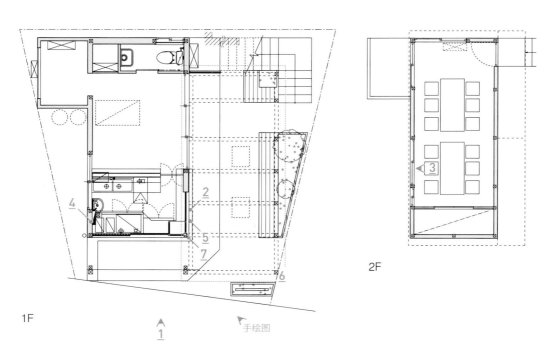

1F

2F

手绘图

侧面的取餐台。

二层的窗边座席。重新利用了旧有的窗框，坐在窗边可以眺望一旁的公园。

咖啡师的工作区域内贴满了独创的常滑烧瓷砖。

宽150mm的站立式柜台可以加深顾客与咖啡师之间的交流。

外侧的楼梯通往二层，上面是木框与亚克力材质的屋檐。

一层墙壁齐腰处同样使用了大谷石，可以帮助木制建筑调节湿度。

一般的店铺都会努力拓宽销售区域的面积，而这家咖啡馆却采用了完全相反的设计理念。其所在的建筑原本就不大，设计者通过向内退缩尺寸，还使其面积进一步缩小。这样的挑战性设计，打造了一个巨大的内部屋檐，是咖啡贩售摊位的一种新型尝试；同时，顾客和咖啡师之间也有了更多的交集和交流空间，不失为一个优秀的创意。

17 / 从半地下空间眺望街景

GLITCH COFFEE BREWED @ 9h
格利奇现煮咖啡 9h 店（日本东京都港区）
——平田晃久建筑设计事务所

Capsule 胶囊酒店

Reception 前台

Vïew

这是一家藏身于胶囊酒店前台的咖啡馆，低调的风格与封闭的酒店颇为相似。因为是半地下结构，所以并不是很起眼。在单一的空间色彩中，木制的柜台恰好和门前的道路齐平，与周围的绿色完美连接在一起，有一种奇妙的开放感。

1

赤坂站的后巷里，有一座四层高的胶囊酒店，咖啡馆就位于这家酒店的半地下。黑色的框架结构支撑着白色的立方体建筑，在外侧绿色植物的遮挡下，咖啡馆像是有意隐藏了起来。沿着照片右侧的斜坡上去，就是大路。

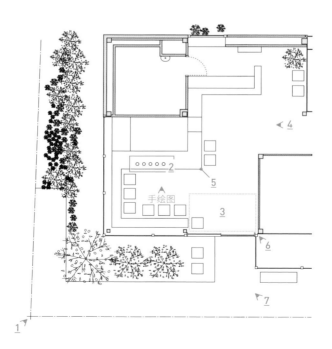

柜台上等距安装着原创手冲架。

入口上方的通风井，不仅能够加强空气流通，还能帮助改善光照条件。

咖啡师工作台与酒店前台（照片右侧）是连在一起的。

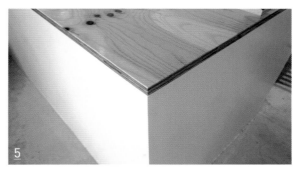

咖啡师的工作台非常简约：柜台外壁涂成了白色，上面放了欧洲落叶松的木板作为台面。

酒店的客房楼层与楼下的咖啡馆通过通风井相连，咖啡的香味也能飘到楼上。

为配合斜坡的角度，入口外侧的植物被设计成了一个层次变化的花坛。

咖啡馆店主在神保町有着专门烘焙咖啡豆的场地，这里也是日本首个单品咖啡手冲咖啡馆。虽然楼上是胶囊酒店，住客在客房内的时间非常有限，但这家咖啡馆的存在，却大大地丰富了住客们的早餐时光。店内没有浓缩咖啡机，也没有牛奶，只有简单的黑咖啡，却孕育出了独特的价值理念。

18 / 时间静止的大船

六曜社咖啡馆（日本京都府京都市）
——Design Art（设计艺术）

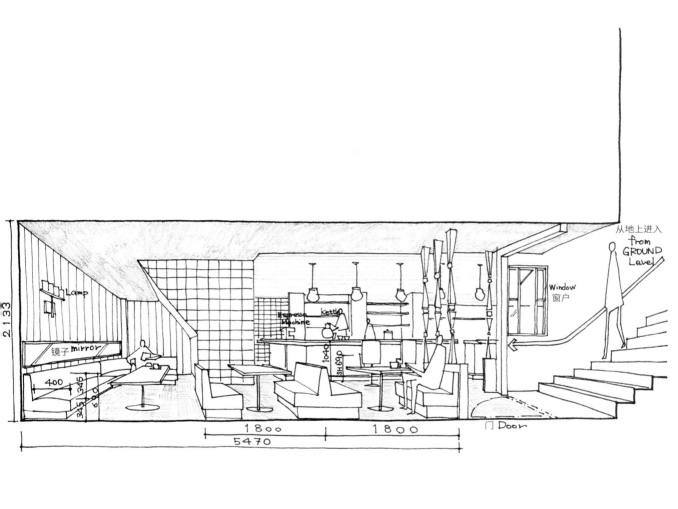

这是一家位于繁华商业街地下的咖啡馆，迄今已经营业了近70年。店铺主要采用的是木制家具，砖块和花砖则给人以厚重又颇具品位的印象。店铺的风格非常复古：带有曲面的老吧台，皮沙发……些许阳光洒落进来，咖啡馆就像是一艘时间静止的大船，在这里，人们可以暂时忘却都市的喧嚣。

咖啡馆位于京都河原町三条十字路口附近，沿着一条宽 950mm 的楼梯走下去即是。一层茶店的老板也是同一个，棕黄色的特制花砖衬托着 "Coffee" 字样，这便是两层店铺的共用招牌。久经时间的洗礼，店面很有历史沉淀的厚重感。

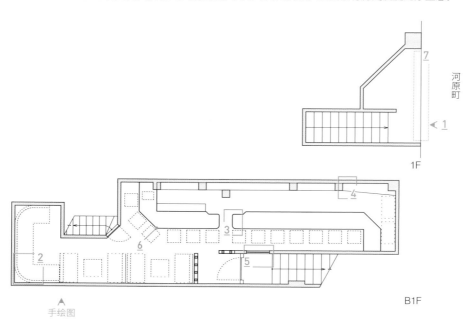

手绘图

角落的沙发上有一面小镜子，加强了空间的纵深感。

这家店以前是个酒吧，带有曲面的吧台就是从那个时候留下来的，客人可以将手肘放在曲面位置，设计非常实用。

店内的花砖和店面招牌上的一样，都是 50 多年前京都匠人的独创工艺。

透过店门入口一侧的透光小窗，可以看到店内的样子。

木制的柜台与砖块垒砌的歇脚台。

招牌下方，墙壁上的立体文字"Coffee"甚至比店铺名都要醒目。

这家店铺开业于 1950 年，当时只是一家茶店，后来也曾装修成酒吧。现在的店主从初代主人那里继承下来，至今已经经营了 40 多年（现在夜里也会有酒吧时段）。因为位于地下，所以咖啡馆与外界环境完美隔绝，弯腰走进这个狭小的空间，也会暂时忘却了时间。些许阳光的余晖洒落进来，在这里与友人攀谈，消磨时光，品尝咖啡，可以充分感受京都的咖啡文化。

19 / 无窗环境下，咖啡师的舞台

KOFFEE MAMEYA 咖啡豆子屋（日本东京都涩谷区）
——14sd / Fourteen stones design（14 石设计）

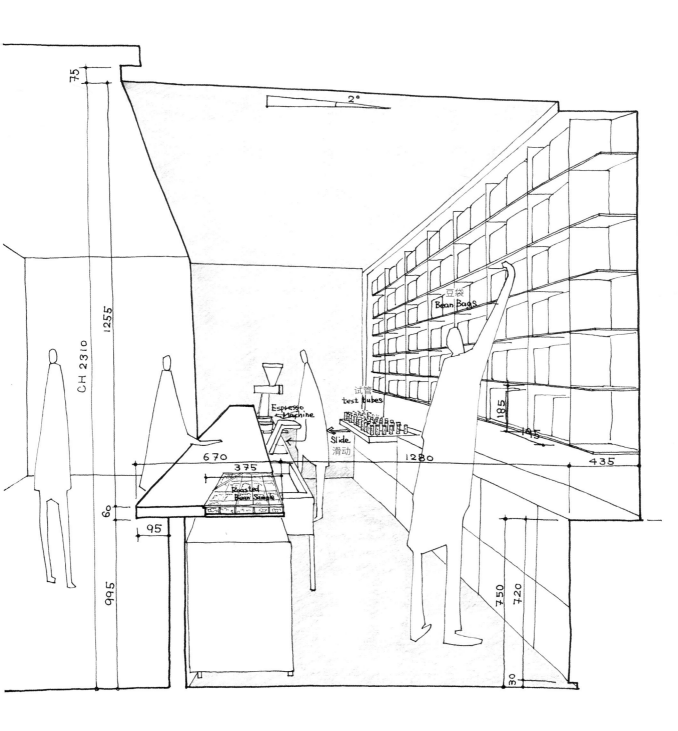

这是一家自带站立式咖啡摊位和咖啡研究室的咖啡豆商店。店内没有窗户，从外面无法看到店内的样子。灰浆刷成的淡色空间里，木制格子家具划分出了顾客与咖啡师各自的区域，顾客只能看到身穿白衣的咖啡师冲泡咖啡的身影和后面架子上精心挑选的咖啡豆，就像是观看舞台表演一般，给人一种特别的紧张感。

1

这家咖啡馆藏身于距离表参道中心不远处的住宅街里。店面使用了黑色烧杉板，没有任何招牌。入口比较低，只有 1.6m 左右，进入时需要微微低头，走进去可以看到小小的黄铜 LOGO 和盆栽。

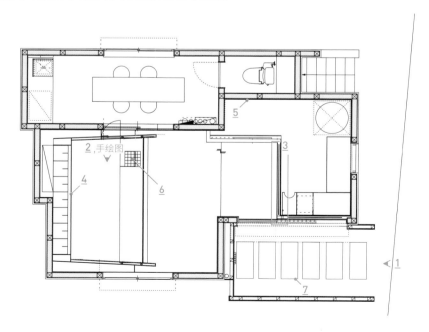

高 1050mm 的柜台上空空如也，从顾客的视角，也只能看到架子上的咖啡豆。

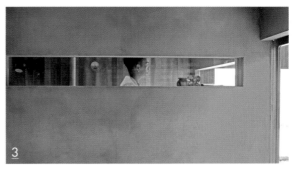

透过与视线齐平的缝隙，刚好可以看到一旁的咖啡研究室。

柜台后是陈列咖啡豆的黑皮钢板架。

咖啡研究室的墙壁上使用的是电镀处理的铁板，这种金属的化学反应，象征着咖啡豆经过烘焙后发生的变化。

柜台里嵌有 5cm×5cm 的小格子，里面是烘焙后的咖啡豆样品。

入口的铺路石采用的是稍有间隔的踏脚石，让人联想起日本茶室里的庭院。

这家咖啡馆就像一个"用咖啡开处方的药店"，他们为顾客提供的每一颗豆子，每一杯咖啡都非常用心。样品盒里展示着不同烘焙程度的咖啡豆，而这也成了这家店最具标志性的 LOGO。设计者完全切断了店铺与街道的联系，这里不仅是咖啡发烧友的天堂，对于那些迷失在城市生活，想要寻回悠闲时光的人们来说，这里同样也是一片乐土。

专栏 1 交融设计

每一个设计者都会在设计时考虑与周围场地的关系。我在设计中比较看重"开放"，虽然还称不上是什么成体系的理论（我自己也还在摸索中），不过这可以说是我个人设计的基本风格。

在分析住宅和其他建筑作品时亦是如此，特别是咖啡馆的设计。咖啡馆虽然是一个商业设施，在考虑其店面外观和内在设计之前，首先应该思考的是如何不割裂它与所在街道在建筑及空间上的联系。在我看来，咖啡馆不仅仅是一个贩售咖啡、供人休憩的场所，更让一些原本毫无关系的人们——咖啡师、顾客、当地居民或是远道而来的游客们——以咖啡为纽带，各自获得独特体验的空间。

例如，有的设计作品，让人在外面就可以感受其内部的氛围，或是空间本身与街道融为一体，我把这种称为"交融设计"。

迄今为止，我有幸在包括咖啡馆在内的许多建筑空间设计中尝试实践这种理念。本书第 1 部分的**向周围借景**中，"Dandelion Chocolate, Kamakura"就是这样一个案例。

"交融设计"首先需要把握场地的特点，判断其中的"不可变因素"。因此，每次初临工地，我都会有意调整心态，让自己心怀一种单纯的态度。

着手设计前，我发现当地人出行已经习惯从这里的阶梯穿过咖啡馆，这便是这里的"不可变因素"。

因此，在设计新的咖啡馆时，我立刻决定让其融入当地人的生活线，后面的设计也得以顺利进行。"交融设计"在这家咖啡馆体现为有关生活线的保留，竣工至今已经很多年，现在，这里依旧常来往居民驻足交谈。

而同时期竣工的 Puddle 现事务所则体现出对"交融设计"理念的新解读。

这个项目是对一座建筑年龄超过 40 年的钢结构建筑进行翻新，Puddle 现在的事务所就位于这里的一层。这一带位于神山町，恰好是在代代木公园和涩谷站中间，既毗邻小商铺林立的热闹商业区"奥涩[⊖]"，旁边也有安静的住宅区，虽然地处东京中心，却给人一种沉稳平和的感觉。事务所所在的建筑就位于商业区与住宅区相连的上坡路上。

起初，这块土地的所有人打算拆掉旧楼，重盖新楼。当时我正好在为事务所寻觅新址，看到这里后一下子就爱上了。我于是和所有者商谈，租下了这块场地。

事务所的入口恰好位于商业区与住宅区交汇处，我便利用这一点进行了"交融设计"。一层原本是车库，所以入口很大，我将其改成了事务所的巨大玻璃店面。透过玻璃窗，路上的行人可以看到事务所入口附近的茶歇区域以及放有咖啡机的厨房区域。附近的居民或熟人路过，屋里的人也可以和他们打招呼，无

⊖ 奥涩，从东京涩谷站出发，沿着文化村通方向，经过东急本店后大约再走10分钟即可到达，是神山町、富之谷周边区域的统称。不同于涩谷站附近的喧嚣，奥涩一带安静闲适，有许多风格清新的店铺与咖啡馆。　——译者注

论从视觉上还是感觉上，都和街道融为一体，非常开放。设计事务所里的设计师们常常醉心于工作，容易给人以闭塞的印象，不过在 Puddle 的事务所里，设计师们不经意地抬起头就可以看到外面，这时刻提醒着他们：我们自己也是这条街道的一部分。

虽然现在这里还只是我们的设计事务所，不过我希望今后能够使其进一步对街区开放，将其打造成为一个交融空间的中间地带。

我个人主张在设计中强调"开放"，所以我对第 1 部分的**切断与外界的关联**这种设计方式反而非常感兴趣。咖啡馆同时也是商业建筑，我认为，选择让咖啡馆切断与外界联系，在封闭空间里经营的店主和设计者都很有远见。因为现如今网络发达，已经不需要每家咖啡馆都秉承开放理念，自我宣传了。相比之下，只要有明确的受众、坚定的理念、独特的空间体验，即使是封闭的空间，同样是一种经营的模式。不过，这样的案例不多，也从侧面证明了这种设计颇具难度。咖啡馆是将街道与人们彼此相连的空间，这也在逐渐主流化。我认为，设计师们也需要继续学习，为这样的交融空间，开创更多新的形式。

Puddle 事务所（2017 年竣工，东京都涩谷区）

—— 第 2 部分 ——

people

咖啡馆与人

迷人的咖啡馆里总是藏有一些"小机关"，吸引着人们。例如，很多咖啡馆凭借特立独行的设计风格吸引着人们的目光：有的在外面可以窥探到店内顾客们热闹欢谈的样子；有的刻意让座席之间保持距离，营造一个人也可以安心享受咖啡时光的空间……不过，无论怎样的设计，设计者在着手前，都一定会先行想象：假如我自己坐在这里，会是怎样的一番情景呢？

　　第 2 部分将介绍 14 个案例，都在设计中充分考虑了"人"这个因素。我将从以下三个方面，为大家讲解，在常聚集多数非特定人群的咖啡馆，如何进行"亲密性"设计。

1. 人工设计的店面

　　让客人包围空间，成为店面的一部分，这类咖啡馆的特点是喜欢在窗边或是咖啡馆周边设置座席。

2. 待客的距离

　　以人与人的距离为主要衡量标准进行设计，店内的原创家具、狭小空间里的分区等细节处都可以看出设计者的用心。

3. 作为咖啡馆营业的同时……

　　在作为咖啡馆营业的同时，还有他用，常见于商住一体建筑或是多行业混合建筑。

20 / 城市街角，有推拉窗的咖啡馆

Elephant Grounds Star Street 大象园星街店（中国香港）
—Kevin Poon collaboration with JJ Acuna（凯文·潘和 JJ·阿库纳）

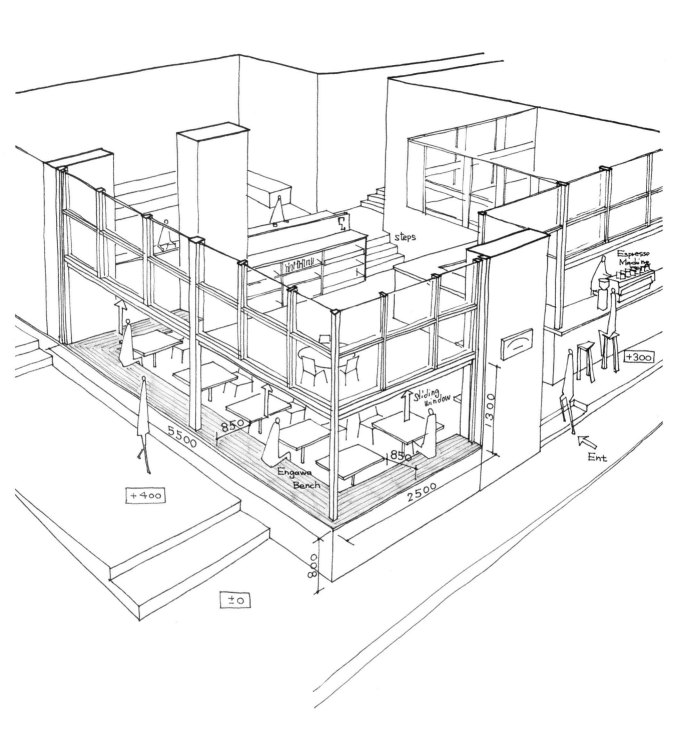

从香港的大道拐进小街，街角便是这家沿着坡路建造的咖啡馆。沿街的两面都采用的是自主设计的推拉窗，窗台则特意改造成了长椅。店内客人们的一举一动都毫无保留地"吐露"给外界，这样个性的店面也让这家咖啡馆在高楼林立的建筑丛林中显得格外特立独行。

1

Elephant Grounds 是一家位于港岛永丰街的咖啡馆，店门外就是通往山顶的坡路（照片左侧），沿着坡路有一排长椅。照片右半部分的店面向内退缩，透过玻璃可以看见咖啡师的工作台，沿着工作台的侧面可以进入店内。

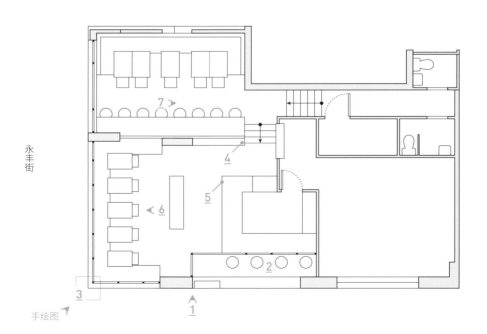

永丰街

手绘图

咖啡师的工作台外侧有木制高脚椅,特意模仿了大象的样子。

透过推拉窗,从店外仰视店铺一角。

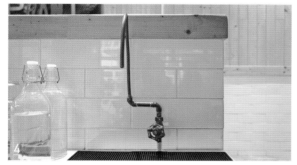

店内设有使用铜管制作的水管,客人可以自己接饮用水。

拼贴地板接缝呈人字形,同时搭配了黑色的柜台。

透过两侧的窗户和长椅,可以望见门外的坡路。

高桌旁搭配了高脚椅,坐在上面可以环视整个店内。

可以推起的窗户营造了一个紧凑的窗台空间,让人能暂时远离都市大道的喧嚣。这家咖啡馆位于封闭的高楼和林立的公寓间,还恰好是两街交叉的街角,推起窗户,通透的窗台立刻变身长椅。同时,这里也是当地居民和游客们的休憩地。采访途中,突然天降大雨,推拉窗被收了下来,也让我们又一次看到了这一设计的绝妙之处。

21 / 现代版的巴黎开放式露台

KB CAFESHOP by KB COFFEE ROASTERS KB 咖啡馆（法国巴黎）
——KB Team（KB 团队）

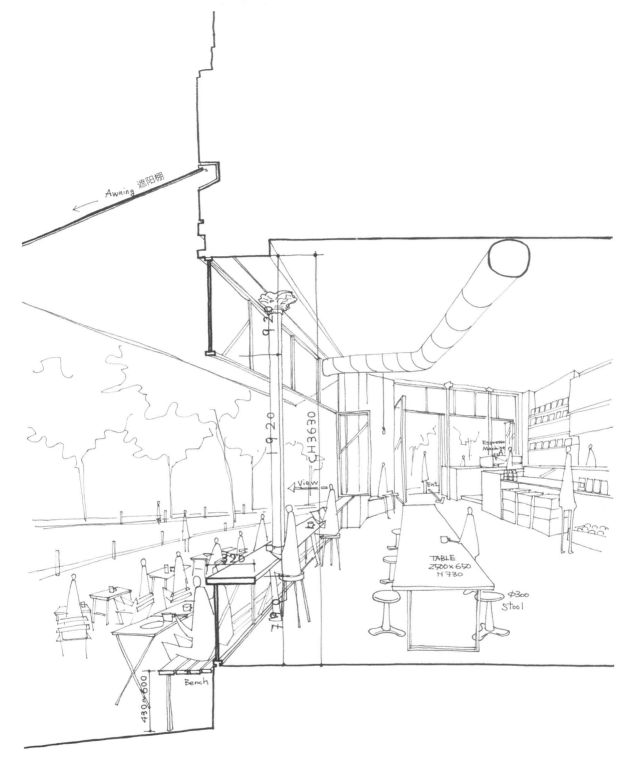

在巴黎统一的白墙街道里，这家咖啡馆的黑色铁板外壁和淡蓝色的遮阳棚格外引人注目。配合街角的缓坡变化，咖啡馆入口、窗边座席、露台的高度也有所不同，从外面望去，可以看到很多客人的表情，非常热闹。可以说，这家咖啡馆是对巴黎传统开放式露台的成功改造。

1

这家咖啡馆位于巴黎第 9 区，特鲁丹大道（Avenue Trudaina）和烈士街 (rue des Martyrs) 交汇的街角。这是一座有着 100 多年历史的老建筑的一层，风格复古，但却吸引了很多时髦的年轻人或是家庭在此聚会。咖啡馆有着高高的白色天花板，走进店内，最先映入眼帘的是手工制作的木制厨房。

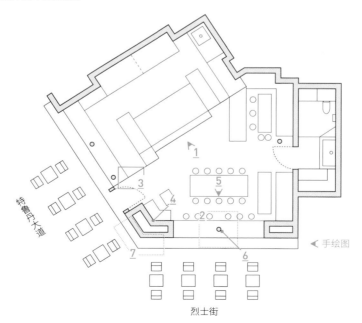

特鲁丹大道

◄ 手绘图

烈士街

窗边的装饰物，颜色上采用了外墙窗框的黑色和天花板的白色。

使用层积材料制作的咖啡师工作台，厨房地面抬高了200mm。

L形长椅背后的墙壁，墙皮从腰部以上的位置都被剥离开来，营造粗糙的质感。

透过黑色的窗框，可以望见外面的风景。

窗边宽400mm的吧台，原有的柱体结构贯穿台面。

简约的遮阳棚和上面的装饰性墙壁对比鲜明。

这家咖啡馆位于华丽之都——巴黎。经过19世纪的"巴黎改造"，这里的街道变得非常美丽。据说当时曾拆毁了数万座建筑物，对新建筑的高度、屋顶倾斜度、阳台位置、建材等都进行了统一规定。如何在保留和继承历史建筑的同时，创造新的风景呢？咖啡馆的设计者特意保留了原有建筑，在此基础上，选用黑色铁板对其外观进行简单装饰，打造出一个非常现代风的店面，就像是一个框架，凸显着人们工作生活的表情。

连接街边的 "桑拿椅"

HIGUMA Doughnuts × Coffee Wrights
小熊甜甜圈 × 咖啡人表参道店（日本东京都涩谷区）
——CHAB DESIGN

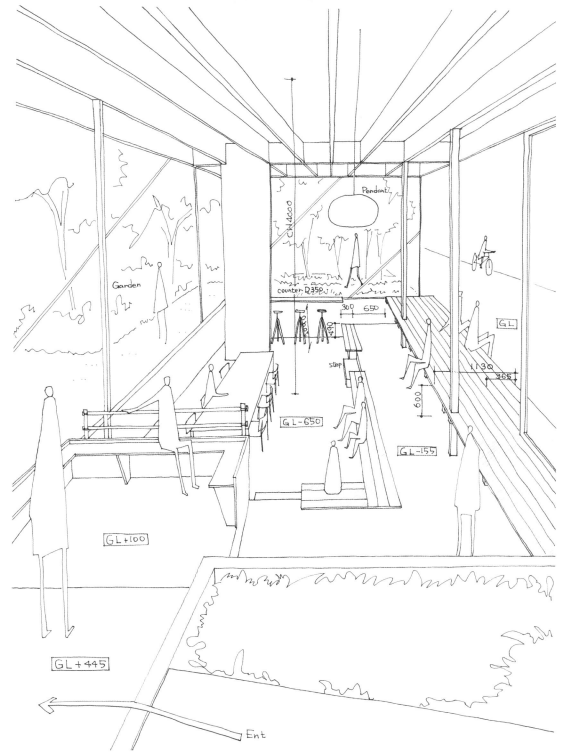

咖啡馆朝街的一侧是巨大的玻璃拉门，里面是阶梯座席，像桑拿房一样，沿着街道的高度逐次降低。最高层的座席通过玻璃拉门与外面相连，像是窗台一般，顾客们可以选择自己心仪的位置随意休憩交谈，而这一切同时也构成了咖啡馆一道独特的风景。

1

这家咖啡馆位于涩谷区神宫前的住宅街上，突出的座椅与玻璃拉门的边框齐平，下部靠钢管支撑，有一种临时搭建的感觉。
咖啡馆内部的木质结构裸露在外，没有进行任何遮掩，反而营造出了美感。右边的小路是通往后院的私人通道。站在店铺前，
透过玻璃拉门，视线可以一直延伸到深处的庭院。

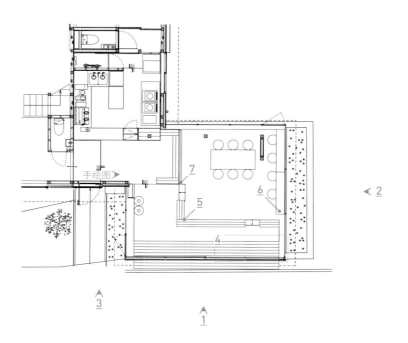

手绘图 ▶

◀ 2

7

6

5

4

3

1

高 455mm 的外饰材料上印有巨大招牌，不过不是店名，而是出售的商品名。

利用钢管和防滑板，搭建了一个小斜坡，消除了咖啡馆与外部街道的地面高度差。

木制层积材料的房梁交织成格子状，配上玻璃材质的窗框，这种简约的组合营造出了开放感。

平地向下挖掘出的过道兼座席，座位下面还可以用来储物。

充分利用窗框下沿的空间，制作了宽 340mm 的吧台座席。

钢管不仅出现在入口处的斜坡和店外长椅处，还与木材巧妙地组合在一起，成为咖啡馆里的扶栏。

这里原本是一片非法建筑，迄今为止已建成有 60 年。在当地政府部门的协助下，这一带被改造成了 "MINAGAWA VILLAGE"，而这家咖啡馆就是其中的店铺之一，也是当地人经常光顾的社区咖啡馆（community cafe）。设计者通过降低店内的地面高度，变相提升了天花板的高度，充分发挥了店铺的建筑优势；同时借助混凝土、三合板、钢管这种常见建材，将这里打造成了住宅街里独一无二的开放式空间。

23 / 利用街道公共设施装点店面

三富中心（日本京都府京都市）
——cafe co.

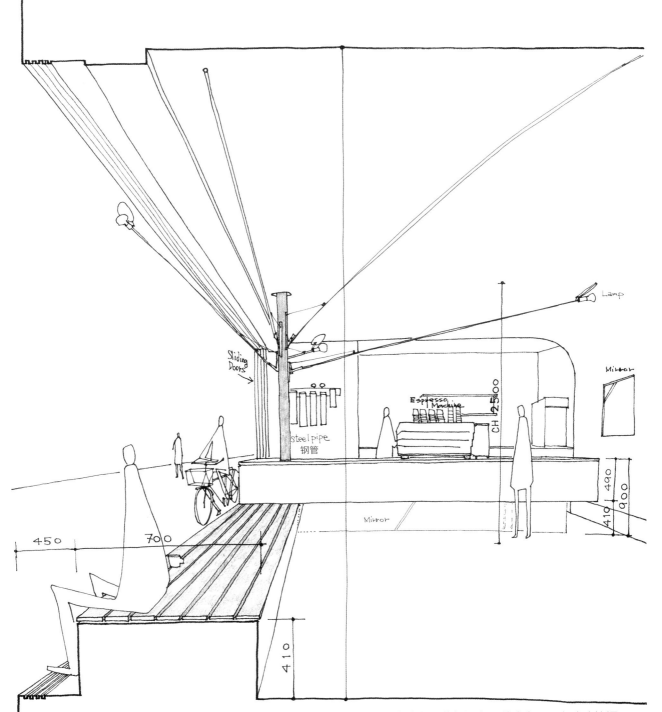

这里以前是一家理发店，后来，原设计者将其改造成了咖啡馆。白色墙壁和天花板没有一处尖角，4扇玻璃拉门和宽宽的长椅，让咖啡馆与街道紧密相融。灰浆材质的咖啡师工作台很有漂浮感，与之垂直摆放的长椅同时也是街道的公用设施，很多人坐在这里小憩后，才发现身后是一家咖啡馆。

1

这家咖啡馆位于三条通与富小路交汇的街角。打开富小路一侧的巨大玻璃窗，长椅瞬间变为公用设施，咖啡馆也与街道融为一体。柜台的圆柱上延伸出专门定制的方形小灯，间接的照明光让简约的店面更增添了一分韵味。

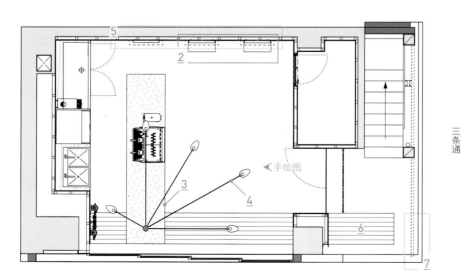

富小路

重新设计后的镜子、椅子和照明灯具，都提醒着人们，这里曾经是个理发店。

"叠"在长椅上的柜台，下面贴有镜面，仿佛浮在空中。

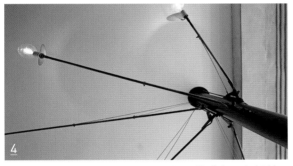

从柜台里延伸出来的圆柱，像树枝一样又"长"出了许多壁灯。

打在白色曲面墙壁上的间接照明光让空间变得柔和。

长椅突破了建筑本身的空间，延伸到入口，像是在招揽顾客入门。

门口保留了理发店时期的彩条旋转灯，不过改为了白色和拿铁色。

因为这家咖啡馆是这一带的中心，所以起名为"三富中心"。这不仅仅是一家开放而又热闹的咖啡馆，门口的树荫下也是人们休憩的空间。临街的长椅上，不只坐着咖啡馆的顾客，也有经过的路人，还有常客把自行车倚在一旁，买咖啡外带。如此看来，这里已经成为当地名副其实的"中心"了。

24 / 四条腿的 "透明柜台"

Bonanza Coffee Heroes 幸运咖啡英雄（德国柏林）
——Bonanza and Onno Donkers（翁诺·当克斯）

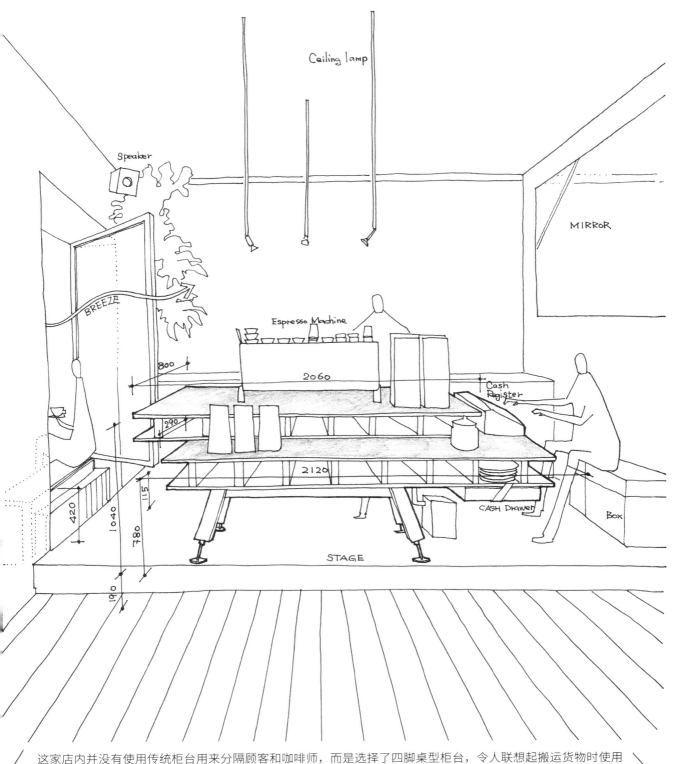

Ceiling lamp

Speaker

MIRROR

BREEZE

Espresso Machine

800

290

2060

Cash Register

420

115

1040

2120

480

CASH Drawer

Box

190

STAGE

这家店内并没有使用传统柜台用来分隔顾客和咖啡师，而是选择了四脚桌型柜台，令人联想起搬运货物时使用的托板。柜台区域的地面稍稍抬高了 190mm，四脚桌令人非常放松，就像是在自己家喝咖啡一样，这也是这家咖啡馆的特色。

这家咖啡馆正对着柏林奥德伯格大街的宽阔人行道，店门外被街边绿树包围成荫，树下有桌子和长椅。咖啡馆的外墙保留了建筑物的原有颜色，入口上方只有一个手写体的霓虹灯招牌——在充分利用已有物品的基础上，营造出柏林的独有氛围。

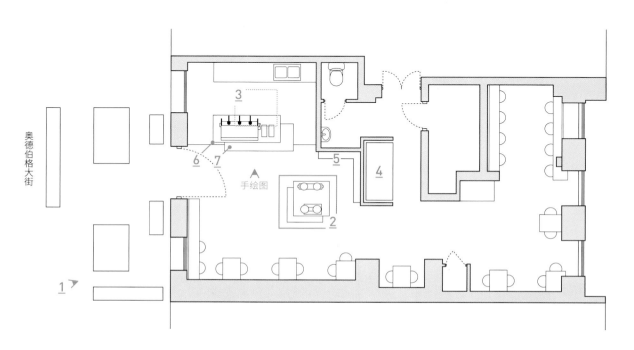

手冲台与主柜台一样，都采用了四脚桌，顾客可以在桌子周围随意走动。

三个华丽的聚光灯，静静地将咖啡师照亮。

可透视的收纳架，没有刻意隐藏配管，反而让它成为咖啡馆设计的一部分。

使用混凝土板材和透明玻璃，将咖啡馆的一处凹角改造成展示区域。

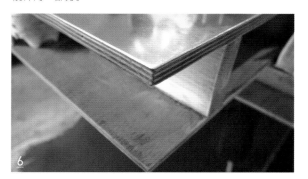

桌面细节，在层压板上又叠加了一层不锈钢材料。

可以支撑超过 500kg 重量的桌脚。有些科幻风的细节像是月球登陆器一般。

从一个个细节中可以看出，设计者想要重新构建这间咖啡馆。通过简单的设计手法，设计者诠释了"对已有的尊重"和"对既有概念的怀疑"，而这也是柏林这座城市的风格。打破界限的四脚桌柜台显得尤为抢眼。在 13 年前（截至成书的 2019 年），能够有如此创意，真的是很有远见。

25 / 纯白空间里笔直的"大道"

ACOFFEE（澳大利亚墨尔本）
——Frankie Tan, Joshua Crasti, Nick Chen, Byoung-Woo Kang

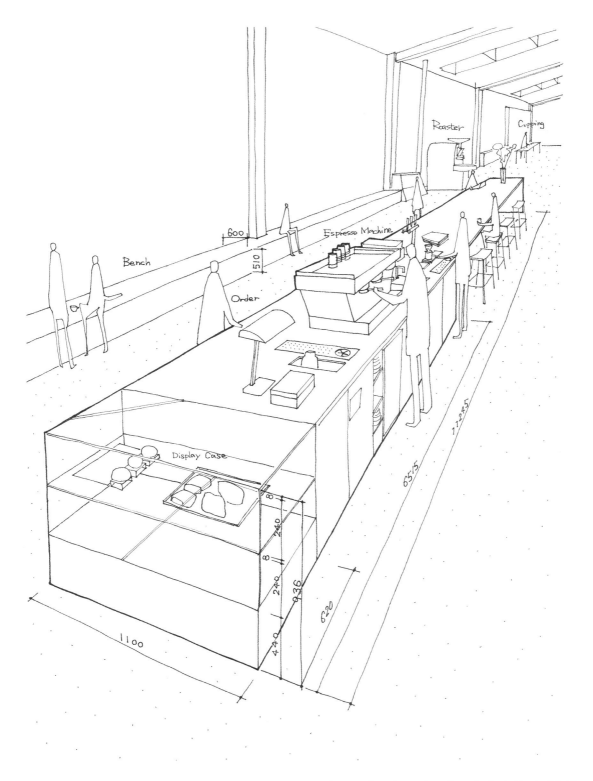

Bench

Order

Espresso Machine

Roaster

Cupping

Display Case

600

510

1100

440

240

8

240

8

936

620

65/5

11245

细条状的屋顶灯洒下照明光，纯白色的咖啡馆中央，摆放着一张长11m的吧台。吧台承载了陈列、点单、咖啡制作、顾客座席、餐台等功能，也为冲调咖啡、品尝咖啡的人们营造出绝妙的距离感。

1

这里原来是墨尔本科灵伍德的旧仓库，后来改造成了咖啡馆。这一带远离繁华市区，留下了许多砖头堆砌的老建筑。灰蓝色的外壁搭配上黑色窗框，外观配色沉稳，也与纯白的店内形成了鲜明对比。

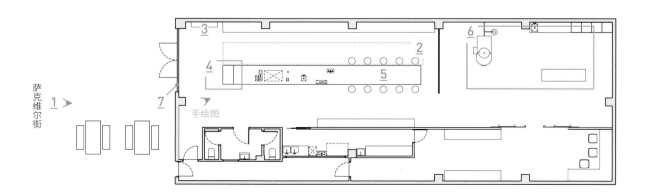

吊挂的黑色电线照明灯与等距的顶灯垂直交叉。

40mm 厚的复合木板上，安装有几块 12mm 厚的人工大理石，构成了一个陈列架。其中还嵌入了间接照明灯，为陈列商品打光。

入口一侧吧台的边缘，椴木层压板和低铁浮法玻璃组合成了一个陈列柜。

吧台最里侧的座席。店内的颜色统一为椴木层压板的淡淡木色与白色。

店内的咖啡豆烘焙区域完全开放，没有隔断，顾客可以坐在座位上观赏杯测的过程。

店面的玻璃门上印有白色亚克力材质的立体文字，像是悬空飘浮一样。

利用最优秀的烘焙手法，烘焙最优质的咖啡豆……日复一日，每分每秒，这家咖啡馆都在努力为顾客提供最理想的咖啡。这种理念反映在空间设计上，便有了现在这家咖啡馆——纯白色的空间里，设有一个长长的柜台，像是一条小路。对比之下，咖啡的褐色显得格外夺目。这里可谓是一个真真正正的"咖啡小路"。

26

低矮的两阶柜台， 拉近咖啡师与顾客的距离

Patricia Coffee Brewers
帕特丽夏咖啡馆（澳大利亚墨尔本）
—— Foolscap Studio

WHITE $43
BLACK $40
FILTER $40

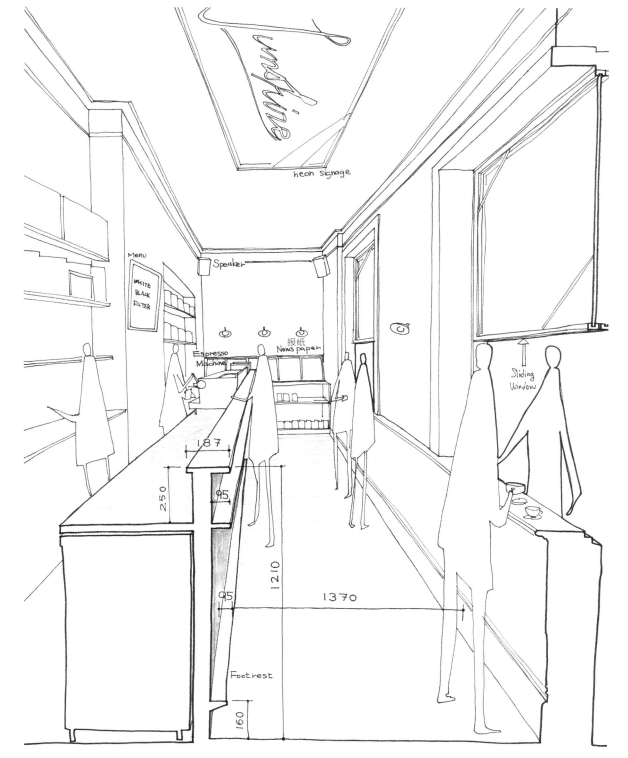

neon signage

Menu
WHITE
BLACK
FILTER

Speaker

Espresso
Machine

报纸
News paper

Sliding
Window

187
250
95
1210
95
1370
Footrest
160

这是一家站立式咖啡馆，几个咖啡师挤在狭小的空间里工作。店铺以白色为主色调，顾客在入口处点单，然后沿着大理石的柜台走进店内。因为是站立使用，所以工作台设计得比较高，分为两层，上一层是供咖啡师出餐用的，下一层是供客人使用的。这样一个浅浅的柜台，拉近了咖啡师与顾客之间的距离。

1

这家咖啡馆位于墨尔本威廉街一条小巷子的拐角，灰色的外墙上有三扇狭长推拉窗，吸引着路人的目光。乍一看，好像很难找到招牌和入口。其实，入口就是藏在照片左侧的那扇小黑门。

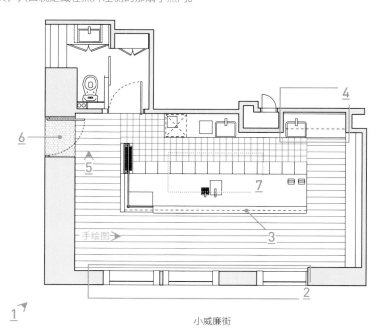

手绘图➡

小威廉街

店内没有座席，窗台被改为迷你站立桌。

柜台贴满了细密的木条，下面还有个小小的歇脚台。

白色瓷砖配上白色咖啡壶，吧台内侧统一为白色调。

黑色的门上印有店铺 LOGO，一旁的白色门则通往卫生间。

入口处的地面上用六角小瓷砖拼出了 standing room only，提醒顾客店内没有座席。

天花板上挂着亚克力材料和霓虹灯组成的照明牌，不过文字并不是店铺名。

这家咖啡馆店铺面积很小，人多的时候热闹得像是个酒吧。人们的活动在店内彼此交织：有的咖啡师对着墙壁磨豆，有的在柜台萃取咖啡；有的顾客在一旁啜饮咖啡，时不时地与咖啡师攀谈几句，有的则偶尔望望窗外……虽然没有招牌，但简约的灰色店面却令人更加印象深刻。

27 / 灰泥围台

NO COFFEE 不是咖啡（日本福冈县福冈市）
14sd / Fourteen stones design

这家咖啡馆面积很小，地面和店内许多大大小小的方块状结构都被砂浆涂成灰色。巨大的阶梯状结构既是座椅，也是棚架，最高层则是咖啡师的工作台。在这样一个均一的空间里，埋首工作的咖啡师、顾客、绿植，包括书本等商品在内，每一样事物都很平等，给人一种独特的统一感。

1

这家咖啡馆位于福冈市平尾某住宅区，改装自一个十字路口的公寓一层。店铺没有巨大醒目的 LOGO，不过设计者放弃了原本藏在公寓内部的入口，而是在店铺外墙上新开了一个大门。店铺外的煤气表和空调室外机早已不再使用，但仍作为大楼独特的记忆，被保留了下来。

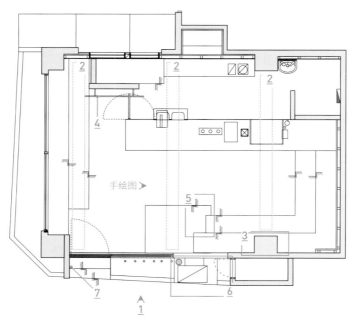

手绘图 ➤

利用天花板下方的轻钢龙骨，制作了直管 LED 灯用作照明。

灰浆粉刷的柜台，白色的墙壁，斑驳的柱子，形成鲜明的对比。

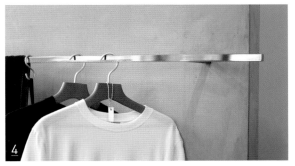

横在墙壁间的镀铜衣架，为灰色的哑光空间增添了一抹光亮的色彩。

高低各异的灰色座椅为空间带来律动感。

店外的煤气表、空调室外机。一般人们会将这类物品隐藏起来，但这家店的设计者却特意将其保留了下来。

灰墙内镶嵌着黄铜材料，形成一个咖啡杯的形状，这是店铺的 LOGO，也可以将其理解为店铺名称中首字母 N 和 C 的组合。

这是一个咖啡、人、商品交互的空间。刷成灰色的阶梯结构上，零散放置着绿植、书本或是艺术作品。当顾客置身咖啡馆时，人与商品则实现了近距离的共存。设计者与店主有意保留了废弃的煤气表等老物件，也许正是想利用这里现存的物品，打造一个艺术的空间吧。

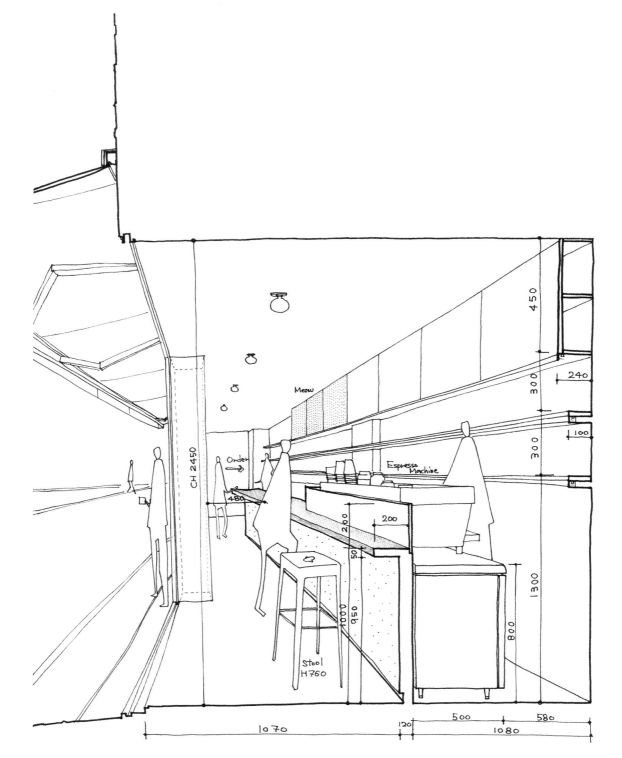

这家店坐落于路边，占地面积细长狭小，宽度只有 2m 左右——在这样一家小小的咖啡馆里，双手抬平甚至可以触碰到墙壁。店中央横放着一个白色木制柜台，上面是半嵌入式的咖啡机。打开折叠门，店铺便成了一个开放的空间，顾客可以从任何一个方向进入店内。这样的结构，极大地增加了顾客与咖啡师的交集。

1

这是一家发源于新西兰的咖啡馆，坐落于东京涩谷区神山町的"奥涩"一带。这座建筑位于三条小路间，占地面积细长狭小，包括屋顶在内，共有三层。设计者将老建筑改造为咖啡馆，一层设有与街道平行的细长柜台，往来的行人也能够清楚地看到正在工作的咖啡师，对店内环境一目了然。

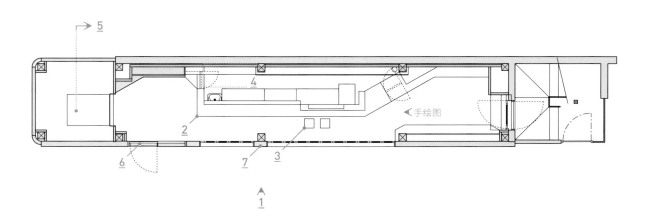

混凝土地面，以及大谷石材质的柜台。

原创的白色座椅衬托出大谷石柜台的独特韵味。

收纳柜门上的菜单，上面嵌着细碎的文字。这也是该品牌一贯的设计风格。

乘坐电梯，可以来到屋顶的露台座席，从这里能够远眺热闹的街景。

将老建筑的旧门涂成该品牌的主色调——红色，这也是咖啡馆的一个招牌。

外墙上挂着白色的装饰物，与窗框颜色统一，形状则模仿了店铺 LOGO。

这家咖啡馆最大的设计理念，大概就是要增加顾客与咖啡师的交集。利用原有老建筑的狭窄特点，通过几扇折叠门，让店面向街道开放，顾客可以从任何一个方向进入店内，与柜台后正在工作的咖啡师"相遇"。虽然一层和屋顶都有座席，但可能因为其开放式设计的原因，有很多顾客会选择购买咖啡外带。

29 / "狭小建筑" 里的 "极小柜台"

ABOUT LIFE COFFEE BREWERS
关于生活咖啡馆（日本东京都涩谷区）
——铃木一史

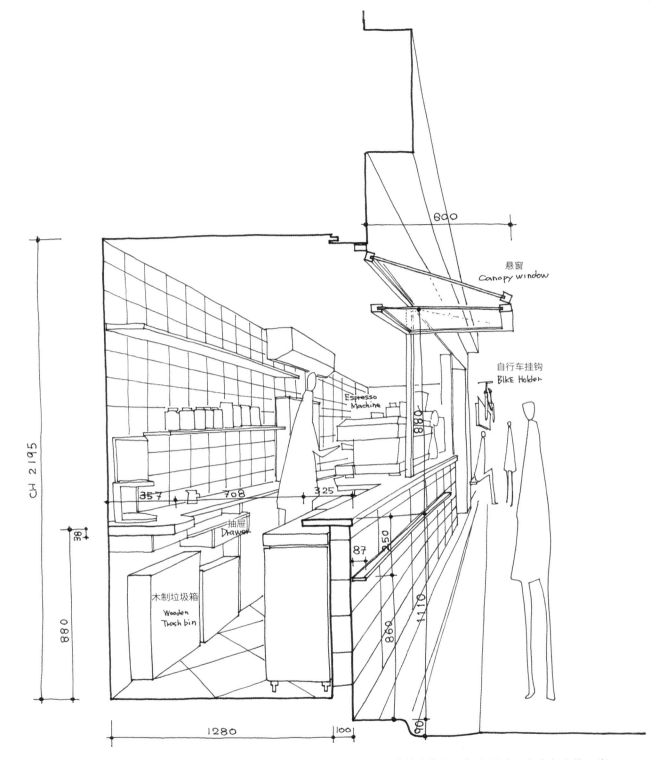

悬窗
Canopy window

600

自行车挂钩
Bike Holder

Espresso Machine

880

CH 2195

357   708   325

抽屉
Drawer

38

87

250

1110

木制垃圾箱
Wooden Trash bin

880

860

90

1280   100

这是一家门面宽度只有 1.5m 的狭小咖啡馆。因为店铺面积有限，所以也特意缩小了柜台尺寸，店内有大约一半都是供顾客站立的位置。专门定做的气压杆式玻璃窗也可充当屋檐，立式菜单板、外墙边的座椅等细节均专为小空间而设计，增加了顾客与咖啡师的交流，让店铺显得更加热闹。

这家咖啡馆位于东京涩谷区道玄坂街角的一座小建筑一层，空白的招牌与拐角另一侧的便利店招牌高度一致，连接在一起，更凸显了空间的局促。垂直于道玄坂一侧的外墙上还有供自行车停车使用的挂钩和供休息的座椅。店铺虽小，但细节用心，将整个建筑都充分利用了起来。

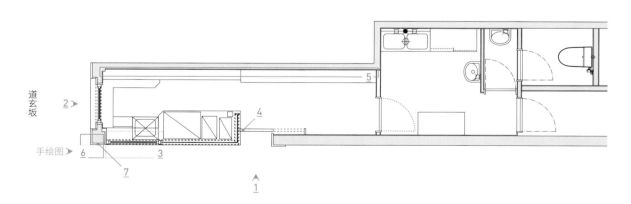

道玄坂一侧的窗口与咖啡师的工作区宽度相当。

咖啡师工作台的窗户为气压杆式,抬起时也可当作透明的屋檐。

入口大门的把手与天花板呼应,细节独特。

墙面、天花板与厨房及站立席都采用了相同材料,在视觉上减少了狭小感。

建筑外墙为镀锌铁板和与柜台相同的混凝土结构。

镀锌的深灰色柱子,配上白字菜单,也与菜单上的"BLACK""WHITE"相互呼应。

因为宽度极为狭窄,空间也很局促,所以设计者则更加关注咖啡馆的细小功能。在人流较大的道玄坂一侧留有狭窄窗口,顾客可在这里点单;在另一侧入口旁则设置了长椅,形成了一个顾客可穿行、可休憩的空间。

这是一家坐落于十字路口的小小咖啡馆,面积大小只有 1 坪[○]左右。咖啡馆模仿了旧时非常常见的香烟铺,风格怀旧复古。因为空间有限,所以咖啡师的工作台也同时充当着陈列柜。咖啡师站在柜台后冲泡咖啡,加上往来的顾客,曾经的热闹景象也再度复苏。

○ 坪,日本度量衡的面积单位,约为3.3m²。 ——译者注

1

这是京都乌丸丸太町十字路口西北角的一家小咖啡馆，改装自一个售票窗口。咖啡馆恰好在街角的凹角位置，店面狭小，正面只有 2m 宽。虽然这座建筑里混杂了 ATM 机、大型连锁汉堡店等，但这家小咖啡馆却显得格外亮眼。

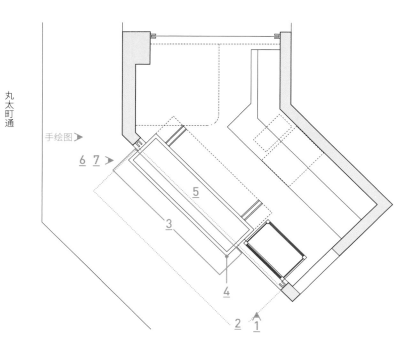

向内纵深的遮阳棚，复古的"COFFEE"招牌，都让人联想起曾经的香烟铺。

柜台下面是陈列柜，模仿过去的香烟铺，将咖啡豆按产地一一排开。

古旧的马赛克花砖和做旧的黄铜边框打造出复古质感。

咖啡师面朝行人，冲泡咖啡。这样的设计也可以看出，店家非常重视与顾客的交流。

拉下遮板，正好可以将柜台收纳进内侧。

闭店时将遮板和遮阳棚收起，店面只留下"COFFEE"的字样。

模仿旧时的香烟铺，打造一间咖啡馆——这样的独特设计理念，也让这家店铺充满了故事。店主在京都拥有自己烘焙豆子的咖啡馆，同时他也会把有生意往来的咖啡农场和咖啡豆认真地介绍给自己的顾客，以表示对咖啡生产者们的支持。这家咖啡馆自然也是其中的一个重要途径。虽然只是街角小店，但它却成了连接生产者与消费者的重要纽带。我们也期待，今后在京都出现更多这样的店铺。

31 / 在充满店主个人风格的"小宇宙"招待客人

CAFE Ryusenkei 流线型咖啡馆（日本神奈川县足柄下郡箱根町）

——设计事务所 ima

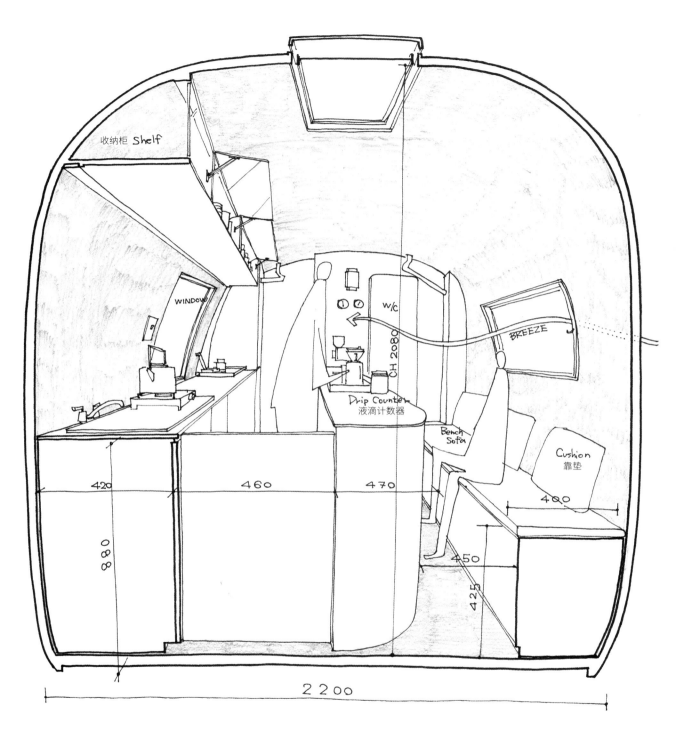

收纳柜 Shelf

WINDOW

w/c

BREEZE

CH 2089

Drip Counter
液滴计数器

Bench
Sofa

Cushion
靠垫

420

460

470

400

880

450

425

2200

这是一家利用露营房车"AIRSTREAM"（清风房车）改造而成的咖啡馆，在电动汽车"LEAF"（日产叶子）的牵引下可以实现移动。店内所有细节都体现着店主的个人风格，同时，利用车身曲线，店内还专门设置了弧形柜台和 L 形沙发。在约 4.2m×2.2m 的狭小空间里，咖啡师与顾客，甚至是顾客与顾客之间的距离都被拉近了。

这辆"咖啡车"2018年年底之前一直停在箱根缆车早云山站的停车场。现在,"咖啡车"已经转移到了箱根登山铁道强罗站附近一个绿意盎然的餐厅停车场。银色曲面的车身,反射出四季变换的景致。

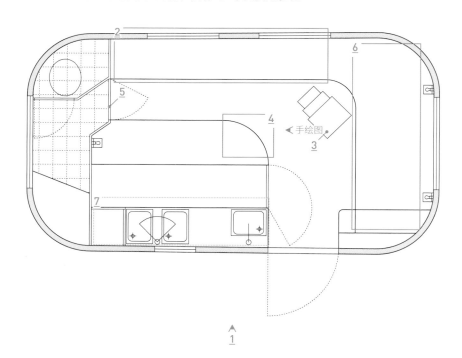

温暖的北欧风编织物，与窗外的景色形成鲜明的对比。

车内使用了套桌，方便在狭小的空间内享用咖啡。

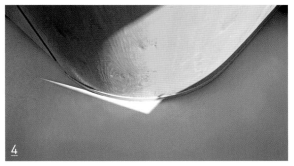

柜台的圆角，与车身相互呼应。

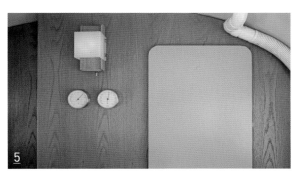

卫生间门采用了清爽的蓝色合成树脂。

在房车后半部的弧形空间放置了沙发，上面则改造成收纳空间。

柜台内侧上方的收纳柜，还可以悬挂物品，柜门采用亚克力材料。

日本茶道中很讲究"一座建立"，意思是在茶会中要让主人与客人融为一体。这家咖啡馆将这一理念贯彻于设计中，打造了一个"可移动的现代茶室"：用心与顾客相处，让咖啡馆的"主"与"客"也融为一体。因为是景点里的可移动咖啡车，所以就像是茶道里的"一期一会"：一生中也许仅有这一次相遇，更应当格外珍惜机会，用心招待。箱根的山景映在车身上，踏入车厢，走进极具店主个人风格的"小宇宙"，连时间都会抛诸脑后。

32 / 营生与居住的关系

FINETIME COFFEE ROASTERS
好时光咖啡馆（日本东京都世田谷区）
——成濑·猪熊建筑设计事务所

这里既是一家咖啡馆，同时也是店主的私人住所。一层的咖啡馆被一条通道贯穿，素土地面，没有铺设地板。顾客座席上方留有隐蔽缝隙，抬头可微微窥见二楼的私人居住空间。这样的设计，非常自然地体现了"职住一体"的建筑属性。咖啡馆的店面特意避免使用太过高调的招牌，从中也可以看出店主对私人家庭生活及居住环境的重视。

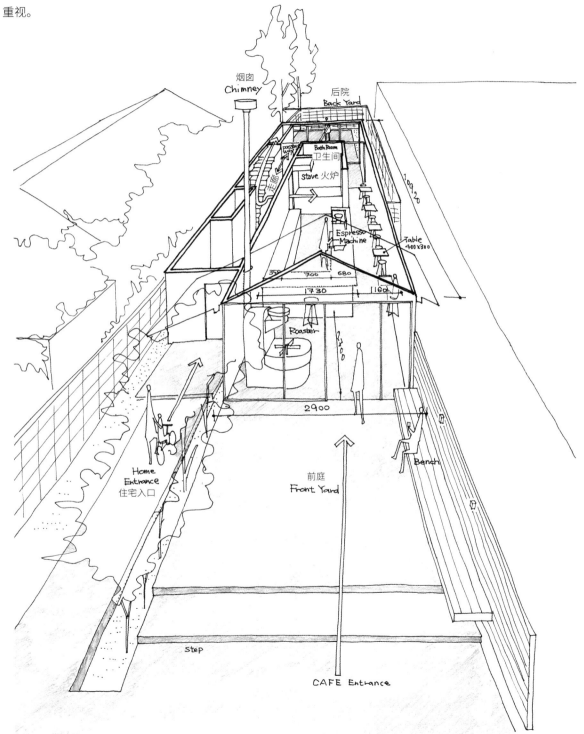

这家咖啡馆改造自车站附近住宅街里的一座木制住宅。虽然保留了旧有建筑的风格，但高耸的烟囱还是像招牌一样，暗示着店主的真正职业。一层的建筑尺寸向内退缩，被改造为一片舒适的过渡区，里面设有长椅。门前的橄榄树与周围的绿色植物融为一体，也将咖啡馆与店主私人住所的入口区分开来。

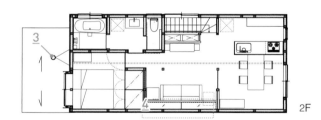

2F

手绘图 ▶

1 ▶

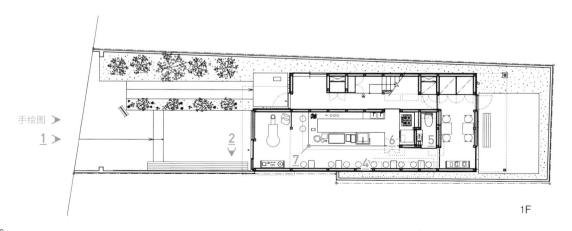

1F

木制长椅与墙壁同色，很有漂浮感。

为防止烟雾在室内直流，有一条烟囱直立高耸，帮助店内烘焙咖啡豆的机器排烟，而这个烟囱也成为咖啡馆的一个标志。

从座席向上望去，可以透过透明玻璃，窥视到二层店主的私人居住空间。

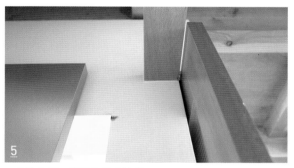

两扇推拉门，都是隐藏式轨道。

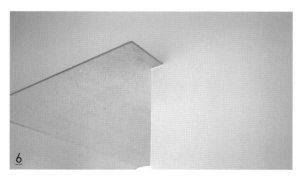

咖啡师工作区的天花板和内壁均使用了软性板，从中也可以感受到设计者的细致用心。

台面拐角连接处的细节。

通过与众多咖啡师交流，我发现很多人其实都很向往这种"职住一体"式的咖啡馆。这家咖啡馆就是一个非常成功的案例。为了实现在自家烘焙咖啡豆的愿望，店主买下了这座二手独门小楼。一层的通道深处有一间多功能房，现在是咖啡馆的座席，不过店主考虑之后将其改为婴儿房。留有缓冲区域，以应对今后生活方式的变化，这样的设计理念也非常亮眼。

33 / 既是咖啡馆，又是牙科诊所

池渊牙科 POND Sakaimachi 堺町（日本大阪府岸和田市）
——Teruhiro Yanagihara（柳原照弘）

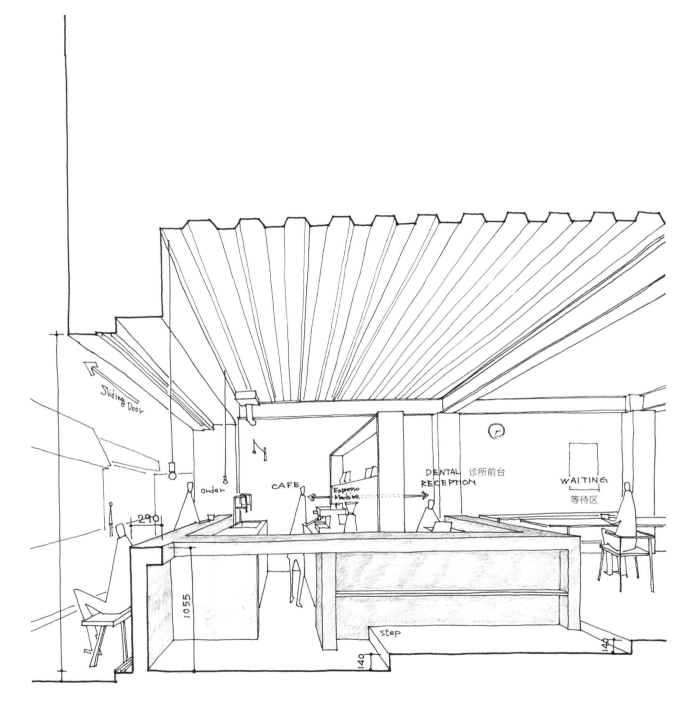

这家咖啡馆居然同时也是一家牙科诊所！打开沿街的三扇巨大玻璃拉窗，可以看到混凝土材质的柜台，与整个建筑一样，充满了厚重感，这便是这家咖啡馆的特色。咖啡馆与牙科诊所在内部相连，顾客在内外均可点单。除了诊所患者外，任何人都可以光顾，这里也为人们提供了一个新的交流场所。

这家咖啡馆位于大阪岸和田市的住宅区。面向街道的柜台，路边的长椅，都提醒着人们：这里是一家咖啡馆。而同时，它也是池渊牙科诊所，只不过诊所的入口藏在内侧，比较隐蔽。门面上方挂着"池渊牙科"的小小字样，非常低调。乍一看，很多人都没想到这里其实还是一家诊所。

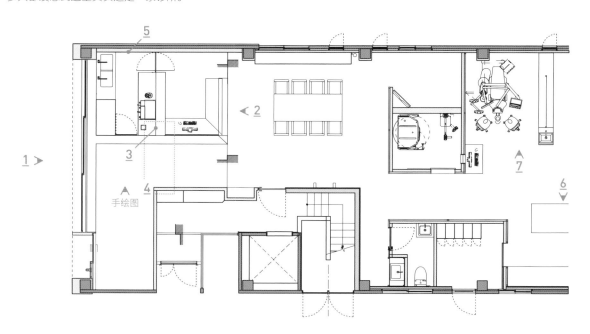

牙科诊所的前台也采用了混凝土材质，与咖啡馆的柜台相呼应。

钢结构的棚架将咖啡馆与诊所前台隔开。

虽然在人们的印象中，牙科诊所一般以洁净的白色为主，但这里的整个空间却统一为灰色。

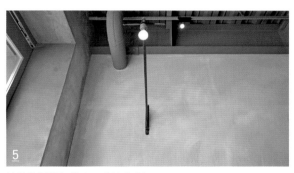

墙壁的照明灯带来了些许色彩。

牙科诊所整体为灰色调的混凝土结构，同时也加入了一些木制家具。

诊所里的德国医疗器械，同样透露了主人在设计方面的热情。

店主一家世世代代都在当地从事牙医工作，然而他却在接手业务后萌发了一个新的创意：让看似毫不搭界的咖啡馆来充当诊所的"门面"。为了实现自己的设计创意，店主在店铺内装、家具、商品、艺术品、洁牙器械等方面都进行了精心搭配。这样的"跨界"组合，也为街道带来了新的活力。

专栏2　这个空间为谁设计？

第1部分介绍了我在设计中的个人风格——比较重视"开放"，以及有关"交融设计"的内容。不过，无论怎样的设计，都不能忽视人的存在。因此在第2部分里，我首先为大家介绍了**人工设计的店面**。这一节收录的咖啡馆并不仅仅是打破封闭、将店内景致展现给外界，更多的则是依靠店内的人以及他们的状态，吸引往来的行人，为街道赋予新的风格。

在进行交融设计的同时，设计初期还需要思考一个问题，即"这个空间为谁设计"，也就是明确空间的主角。首先，我们要确定：谁最能感知这个空间的魅力。其次，我们再据此制定设计方案，进而将这种美妙的体验传递给每一个人。

这个问题有一个显而易见的答案，那就是在这个空间停留时间最久的人。至于咖啡馆，那主角自然就是咖啡师了。而为咖啡师设计一个身心舒适的空间的同时，也不要忘记，咖啡师自己也是咖啡馆门面的重要组成部分。

当然，咖啡馆客流混杂。相比不确定因素较多的"人（顾客）"，"空间"则相对稳定，便于操控。不过我们也要相信，咖啡师心仪的空间，也一定会博得顾客们的喜爱。

日本酒、啤酒酒吧"BEFORE9"改造自京都旧木屋"京町家⊖"，是一个成功的案例。

一条横穿京都市中心的大路与东西向街道交汇，这里便是乌丸御池。附近并排有三间旧木屋，中间的被改造成了酒吧"BEFORE9"。大概是因为长期以来经历过多次土地规划调整，现在这里只剩下街边门前的一小部分，内部纵深空间很小。但这座小小木屋，却在时代的变迁中幸存了下来，独自矗立在繁华楼宇之间。

这个改造项目由一家已经停业的日本酒酿酒厂提出。酒厂的第六代继承人想要重启家族的酿酒生意，第一步便是改造这座京町家。同时，这也是京町家保护活动的一环。店主想要保留街道的古旧记忆，同时也希望能让更多的人品尝到美味的手酿日本酒。

设计者力求将这里打造成街道的延伸区域，吸引路人进来一探究竟。改造后的酒吧保留了京町家的原有外观，但将沿街一侧的墙壁换成了巨大的玻璃拉窗，从外面看进来，店内景象一览无余。在旧有素土地面的基础上，利用灰浆砌出阶梯，让店内看起来更加热闹。

店铺入口附近视野开阔的地方放置了站立式柜台，向外界展示着工作人员热情的工作状态。八角形的啤酒栓把手是用樱花树树枝做成的，长短不一，也为店内增添了一分趣味。

⊖ 京町家：昭和40年代前后日本民居兴建热潮时期出现的词语，指的是1950年（昭和25年）以前在京都市内建造的木结构房屋。　　——译者注

竣工至今，这家店不仅吸引了很多日本人光顾，也有许多外国游客慕名前来。当夜幕降临，周围陷入一片黑暗中，只剩店内的光亮和交错的觥筹，热闹的情景仿佛是街边的一盏明灯。

那些重视"人"的咖啡馆设计带领我们走进设计者和店主的"世界观"，让我们感受着他们强烈的个人风格。我甚至在想，将来自己是不是也应该尝试开店，从而获得更多的灵感，设计出这样的舒适空间，让人们不需要相关知识储备，即可获得独特的体验。

BEFORE9（京都市，2016 年竣工）。改造前（左）、现在（右）
（照片提供：SAKAHACHIINC.KYOTO）

第 3 部分

periods

咖啡馆与时间

改装、改造老建筑，巧妙活用现有物品进行重新规划，已经成为设计界的主流风尚。新的材料和建筑物自然有性能优良、便于使用的一面，但古旧建筑的魅力也在逐渐被人们认可：久经年月的韵味，富有时代特征的空间结构，这些都是新建筑所无法媲美的。

而现在社会上对"过程"的关注度也在提升，人们开始关心"这是怎么做的"。建筑亦是如此。在咖啡馆等餐饮空间的设计中，有越来越多的案例开始"去黑盒化"，将"过程"展示给人们。

在第 3 部分里，我将从以下两个方面，为大家讲解，这 6 个咖啡馆是如何通过设计体现出了时间感。

1. 让古建筑重获新生

改装或改造古建筑，既体现了对原有建筑的尊重，同时加入了独特理念。从这类咖啡馆中，我们能够感觉到设计者在有意保留原建筑的古旧痕迹。

2. 过程的设计

这类咖啡馆则比较强调设计的工程及行为。

这是一家咖啡馆兼餐厅，由一座挑高 15m 的砖结构建筑改造而成，空间巨大。这里原本是一个发电站，五根柱子支撑着上面扩建的部分，平缓相连的六个跃层穿插其中，各自留有空间，又统一在光线柔和的巨大天花板下，给人一种舒适的统一感。

1

这家咖啡馆兼餐厅位于墨尔本南十字星火车站附近高楼林立的商业街。周围的高楼不断扩建，包围着这座砖结构建筑，其屋顶和整体建筑结构也使用钢筋进行了加固。

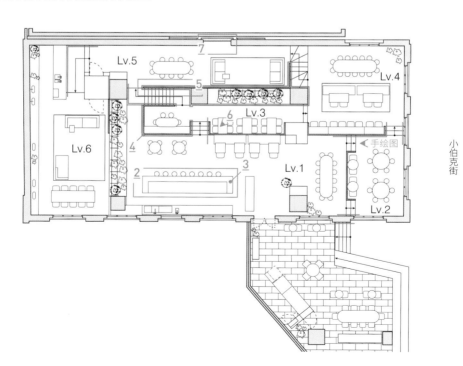

小伯克街

咖啡柜台位于最底层，顾客坐在任何一层都可以看到。

倒棱的水磨石，以及隐形拼接的钢板台面。

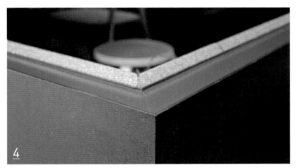

使用钢板（外）和水磨石（内）两种材料制作的及腰矮墙。

钢板矮墙沿着楼梯延伸，上面还有不锈钢扶手。

原建筑为砖结构，因此内饰较多地使用了钢材料进行装点。

原来的窗户得到了重新利用，被改造成陈列展示区。

利用巨大的空间，分设不同的楼层，除了这种大胆的区域规划方式外，各种可触摸的材质和细节也是这家咖啡馆的特色。设计者在钢材料和水磨石为主的店内装点以植物和编织品，将每一层打造成不同风格的舒适空间。如此丰富的设计理念，也让久经时间洗礼的老建筑焕发出新的活力。

35 / 引人瞩目的透明厨房

Lune Croissanterie 月亮餐吧（澳大利亚墨尔本）

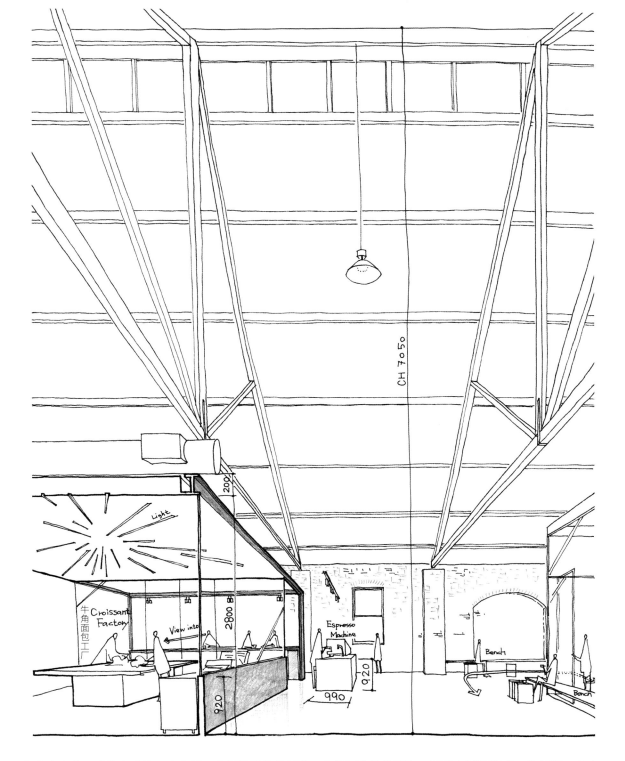

CH 7050

Light

Croissant
Factory

牛角面包工厂

View into

200
2800
920

Espresso
Machine

990

920

Bench

Bench

老仓库改造而成的咖啡馆，中央是一个钢筋结构的厨房，专门制作牛角面包。厨房由玻璃组成，从任何一个方向均可以清楚观察面包师傅工作的样子。放射状的白色照明灯下，透明的厨房就像一个舞台，成了店内最引人瞩目的焦点。

1

这家咖啡馆位于墨尔本菲茨罗伊，主打牛角面包。咖啡馆正面被刷成灰色，同时保留了老仓库原有的卷帘门。入口处向内退缩了 1.8m，透过印有 LOGO 的大玻璃窗，可以窥视店内。而入口则藏在玻璃窗的左右两侧。

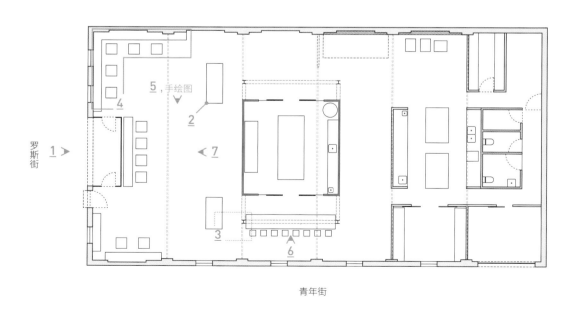

罗斯街

青年街

在店内现场制作的混凝土柜台，既可以点单，同时也是商品陈列区。

透明厨房的钢筋框架和屋顶构架上的照明灯。

宽 420mm 的 L 形长椅像是从墙壁里"长"出来似的，一旁是高 460mm 的灰浆桌子。

巨大的空间里，左手边是混凝土材质的工作台，右手边是入口处的大玻璃窗。

从座席望向中央的透明厨房，厨房内的放射状照明灯将面包师们照亮。

从店中央可看到入口处：正对着的是座席，玻璃窗左右是两个铁门。

这家咖啡馆的设计者有意识地保留了原有的建筑框架，尽量不对其进行加工。标志性的透明厨房变身为一个巨大的橱窗，在店内颇具存在感。而为了更加凸显这个巨大的厨房，设计者还特意选择了素材和形状简约的内饰和家具，并且在店内留出了足够的空间，使得店内景致左右对称。

36 / 和室里方方正正的老售货亭

OMOTESANDO KOFFEE 表参道咖啡馆（日本东京都涩谷区，现已不存在）
——14sd / Fourteen stones design

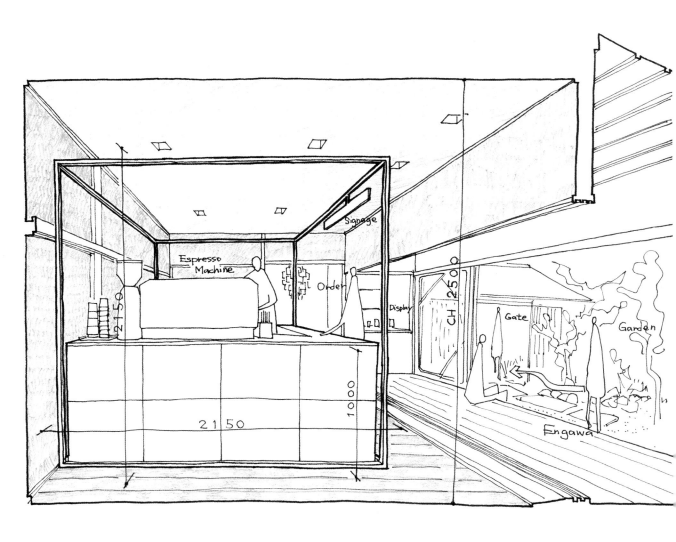

利用即将拆除的旧民宅改造而成的咖啡摊位，原本计划仅限时营业一年。房屋面朝庭院，撤去了榻榻米，中央摆的是由钢材料框架构成的工作台，方方正正，仿若一个现代版的茶室。

表参道十字路口附近的木制民宅中，藏着这家小小的咖啡馆。咖啡馆仅占用了其中一间房屋，恰好面朝庭院。踏进窄门，走土路穿过庭院和檐廊即是。店内虽然没有座席，但顾客可以坐在檐廊或是庭院的长椅上享用咖啡。起初这里计划仅限时营业一年，但后来延长到了五年。最终，随着老民宅被拆，这家咖啡馆也宣布闭店。

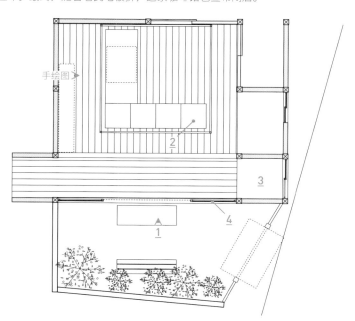

手绘图

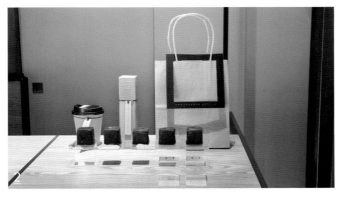

由角钢框架和白色木材组成的柜台。

檐廊尽头的旧窗户，现在被用作商品展示区。

玻璃拉门上有丝网印刷的 LOGO。

在即将拆除的老建筑里建一家咖啡馆，这样大胆的创意令人印象深刻。"选用一座带庭院的旧民宅，但只限时营业一年"，这样的特殊条件下，反而催生出一个独特的设计：采用可移动的摊位形式。虽然形状简单，但这个摊位却成为吸引每一位顾客的焦点。另外，这里原是日式房屋，门框上端的横木"鸭居"高度不足 2m，每次经过时都需要微微欠身低头，仿佛是在向咖啡的神明表达敬意。

照片提供：嗜好品研究所

37 / 全部漆为白色

walden woods kyoto 瓦尔登森林京都店（日本京都府京都市）
——嶋村正一郎

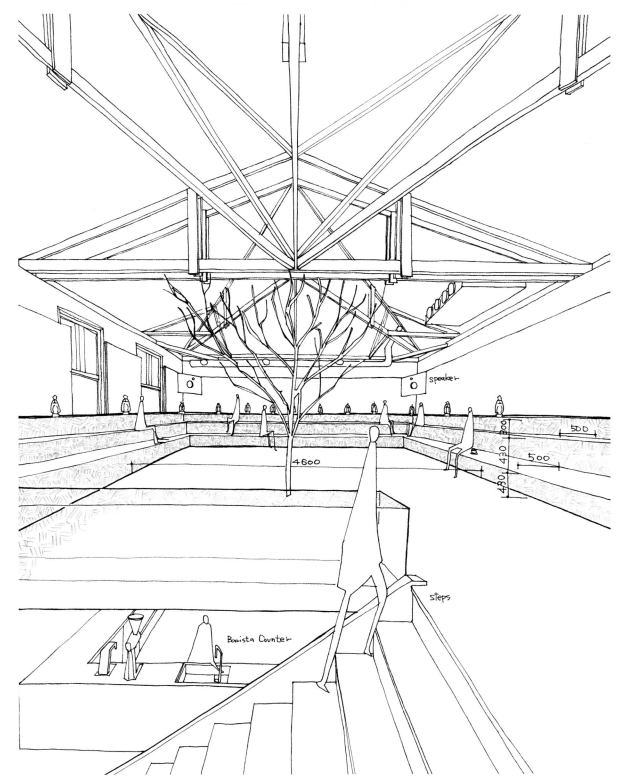

将一座攒尖顶的木制建筑改造为咖啡馆，营造全新的交流氛围——正方形的空间没有一根柱子，紧贴四壁都设置了阶梯状的座席。无论新旧，所有的内饰都被涂成了白色，中央只有一棵树，令人冥想放空。

这家咖啡馆位于京都涉成园以北的公园前，改造自一座大正时期的建筑。该建筑外观整体被涂成白色，隐约施以迷彩图案。入口的拉门可以收纳进左右的储藏室里，天气好的时候，咖啡馆就像是与门前的道路融为了一体。

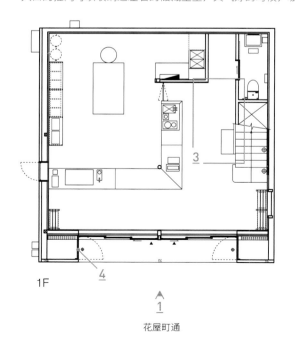

1F

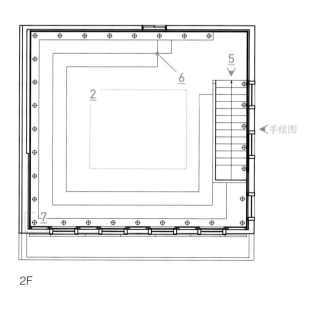

2F

◀手绘图

▲
1

花屋町通

二层裸露在外的屋顶构架，被涂成了白色。

咖啡馆的内壁、楼梯、家具均使用了涂成白色的 OSB 板。

入口的拉门可以收纳进两侧的储藏室里。

二层的楼梯上每隔两阶就摆放着一个提灯，照亮人们的活动路径。

角落的细节，由座椅的 OSB 板拼合组成。

二层的四个角落里设有定制的音响，营造出立体的空间音效。

这家咖啡馆由店主本人自主设计，设计灵感来自于美国作家亨利·戴维·梭罗《瓦尔登湖》中描绘的森林。店内整个空间被涂成白色，独具个性，顾客们坐在阶梯状的座席上，低语小憩。这里是一个让人放松冥想的空间，同时也是享用咖啡的地方。无论是一个人，抑或是结伴而来，顾客们都可以静静感受这个纯白的空间，融入其中。

38 / 提升美感的加工和材料

artless craft tea & coffee / artless appointment gallery
天然手冲茶 & 咖啡（日本东京都目黑区）
——Shun Kawakami （川上俊）& artless

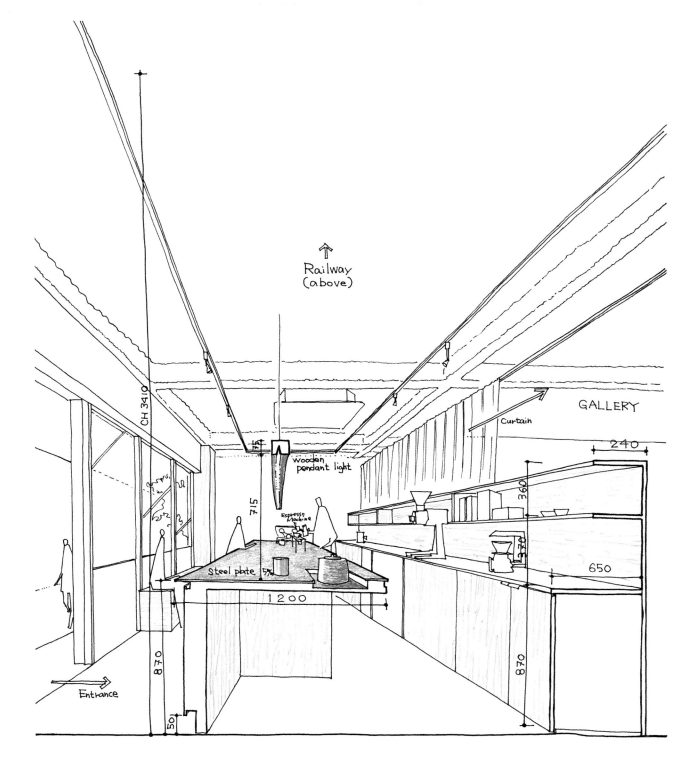

Railway
(above)

GALLERY

Curtain

CH 3410

wooden
pendant light

715

Espresso
Machine

Steel plate 5%

1200

240

360

650

870

870

50

Entrance

这家咖啡馆同时也是一家预约制画廊的前台，店内基本上使用的都是无涂装的结构胶合板，中间是一个
5m×1.2m 的柜台。柜台上的黑皮钢板台面非常引人注目。包括咖啡工具在内，店内的所有器具都统一为深色调，
让人们的目光集中在咖啡师的制作过程上。

中目黑站周边的高架桥下有一片桥底空间，被开发成为商业设施"中目黑高架下"，总长约 700m。这家咖啡馆便位于祐天寺方向最深处，灰色的店面，遮阳棚上吊挂着白色的 LOGO，字体纤细，像是飘浮在空中一样。

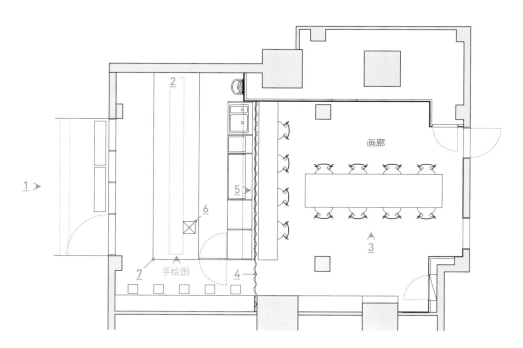

利用木材上的裂纹，在其中嵌入 LED 灯，做成吊挂灯饰，为柜台照明。

内侧的画廊和咖啡馆一样，使用的都是无涂装的结构胶合板。

透明的黑色窗帘将咖啡馆与画廊分隔开来。

使用结构胶合板制作的棚架，上方可以看见对面的画廊。

5mm 厚的黑皮钢台面反射着外界光，此外还内嵌了一个炉子。

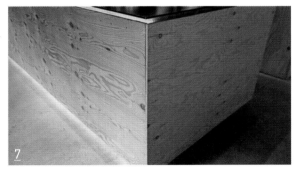

柜台台面与底座之间嵌入了间接照明灯，凸显着上下材质的差异。

这家咖啡馆的店主是一位文娱经纪公司的负责人，同时也是一名活跃在业界的艺术家。从确定店铺理念，到选址、设计、运营，均是店主亲自完成，就像是在完成一件艺术作品。咖啡馆整体使用的是结构胶合板，而柜台台面则选择了黑皮钢，也与高架桥下荒凉无生机的气氛相呼应。这种基本素材与细节考究的对比正是店铺的独特魅力所在。

39 / 体验的设计

Dandelion Chocolate, Factory & Cafe Kuramae
丹丽安巧克力，工厂 & 咖啡镰仓店（日本东京都台东区）
——Puddle +moyadesign

这里原本是一座两层仓库，建筑年龄有 60 年了，之后被改为现在的这家巧克力工厂兼咖啡馆。一层的工厂与座席使用的是相同的地板，仅靠家具进行空间上的分隔，顾客可以近距离参观从甄别可可豆到商品制作的整个过程。二层使用的桌子中间为透明玻璃，可以隐约看到一层。整个店内给人的感觉，就像是在工厂里参观一样。

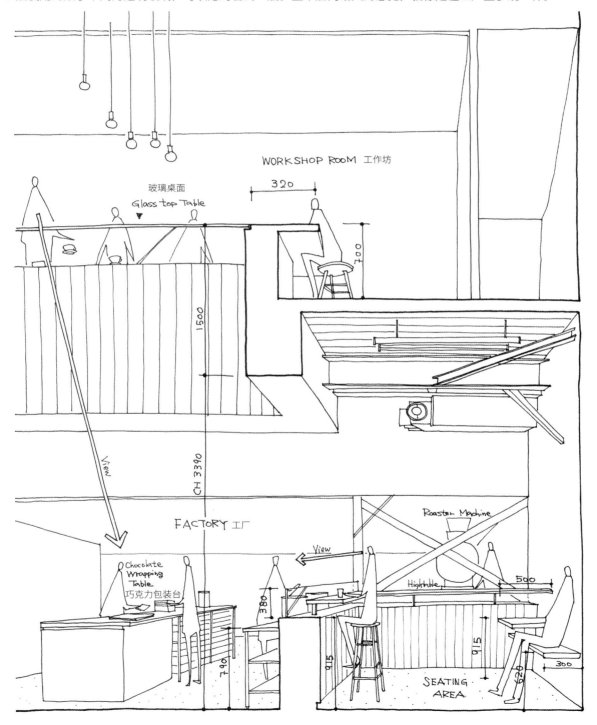

WORKSHOP ROOM 工作坊

玻璃桌面
Glass top Table

320

1500

View

CH 3390

FACTORY 工厂

View

Chocolate
Wrapping
Table
巧克力包装台

Roaster Machine

Hightable

500

380

915

915

620

300

SEATING
AREA

过去，东京台东区藏前一带有很多仓库和工厂，这家咖啡馆便坐落于此，对面是个公园。可可豆是做巧克力最重要的原料，店铺沿街一侧的玻璃内便是贮存可可豆的空间，也是店铺门面的亮点。中间入口处的上方是一个铜板屋檐，高度与邻近建筑物的一层相当，保持了整条街道的统一感。

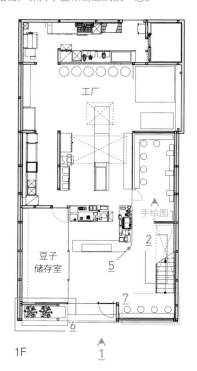

工厂

手绘图

豆子
储存室

5

2

7

6

1F

1

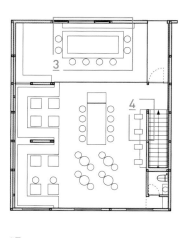

3

4

2F

利用原有的钢筋阶梯改造而成的货架，灯光下，防锈的红漆和红杉木显得更加鲜艳。

二层的工作坊，透过桌子的玻璃台面可以看到一层的工厂。

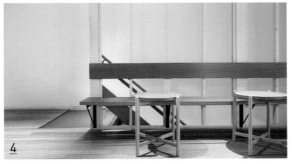

二层楼梯旁的细柱上安装了长椅靠背，同时还充当了防跌落扶栏。

工作台使用红杉木和铜板制成，只有转角部分涂刷了灰浆。

可可豆贮存区域的外墙向内退缩，栽种的植物和安置的长椅使店铺与街道相连。

透过加固结构的桁架望向窗外：铜板屋檐将公园的景致映射进了店内。

这家咖啡馆是我本人设计的。这里是美国巧克力品牌 Dandelion Chocolate 的旗舰店，主张"Bean to Bar"，即从可可豆开始加工，最后制作成商品出售。这样的店铺设计，可以让顾客参观巧克力制作的全过程。同时，二层还开设了了解制作工艺及品鉴巧克力的工作坊区域。巧克力的制作是要发挥可可豆原有的醇香味道，而设计也与之相似，我们对老建筑的美进行再发现、再利用，通过匠人的手工技艺进行润色补充，打造出了这样一个独一无二的体验式空间。

专栏 3　把时间视觉化

除了"交融设计""空间的主角"外，我们在设计中还需要考虑"时间带来的变化"。一座建筑在竣工后可能发生各种变化，当人们使用一座建筑 10 年、20 年后，也许房子的墙纸变了，也许布局也不一样了。想要让久经时间打磨的老建筑散发独特韵味，就要在设计时，特别是选择材料时，提前预设这个变化的过程。

在设计师们思考如何把时间视觉化的同时，一方面，业界曾迎来过一个热衷于修复木制老建筑的时期（当然，现在这种风尚依然流行）。一方面，木质材料越古旧越有味道，很多老寺庙就是如此。另一方面，木质材料便于加工、更换，由梁柱组成的木制建筑也容易扩建或拆除，甚至是移动。木制建筑的古旧痕迹也可以在修复设计时加以利用，因此是实现"时间视觉化"的理想对象。

在**过程的设计**中介绍的"Dandelion Chocolate, Factory & Cafe Kuramae"（2016 年竣工）就是一个这样的案例。我们和委托人一起，希望寻觅一处符合品牌理念的场地。随着开业日期临近，时间非常紧迫时，我们才终于找到了藏前一带。这座略显冷清的木结构仓库建筑的年龄有 50 年了，连平面图都没有，改造起来想必会很棘手。但当时，这附近出现了许多面向外国游客的住宿设施，正在重现往日活力。将充满历史沧桑气息的老仓库改造成为一个体现"Bean to Bar"理念的现代化空间，在我们看来是一件很有意义的事情。最终，我们决定选址此地。

首先，我们制定了一个平面设计方案，设计了一个可以清楚参观巧克力制作全过程的巨大空间：将柱子间隔拉开，以防止其阻碍视线，让顾客走进来时视野广阔毫无阻挡。同时，我们保留了原有材料，对其进行了进一步的手工打磨、剥皮，尝试将时间的沉积与更新集中体现。制作巧克力的时间，镌刻于老建筑的时间，街道孕育的时间，三条时间轴交错，才诞生了这个空间。

与上述案例同时期进行的项目还有"城崎 Residence"（2016 年竣工），这也是一个令我印象深刻的改装设计案例。温泉乡城崎因日本作家志贺直哉的作品《在城崎》而出名，友人夫妇在这里买下了一座三层木制小楼（一层部分为钢筋混凝土结构）。这里原来是一个艺伎管理机构，日语里称为"检番"，后来我们将其改造成了私人住宅。

城崎 Residence（2016 年竣工，兵库县丰冈市）

所谓"检番",就是一个艺伎的综合事务所,同时也是她们排练和休憩的场地。因此,在三层有一片面积为 30 块榻榻米大小(一块榻榻米约为 1.62m²)的广阔空间,没有一根柱子。天花板已经古旧,我们首先对其进行了拆除。

拆掉天花板,露出了七根大梁,两面均使用木板加固。结实的结构,古旧的印记,加固木板美丽的斜向组合,都令我们和房主非常激动:"就用这些房梁改造出一个新的空间!"

房主很喜欢烹饪,也常在自家招待客人,因此我们考虑将这个广阔的空间改成待客的地方。原来的小楼像 Loft 一样,现在我们撤掉了屋顶阁楼的地板,提高了三层的天花板,把这里变成了一个起居室兼餐厅,还有一个 4m 长的厨房。在过去的五十年里,藏在屋顶下的房梁静静地为艺伎们撑起了一片小天地,今后,

它们将大方地"现身",为这里的新主人遮风挡雨下一个五十年,甚至更久。

竣工三年后,一层的玄关处改装成了一个快闪区域,现在开了一家咖啡馆。其实在设计之初,房主就曾表示,想先保留这里的大体结构,等待时机成熟后,"希望能在这儿做点什么"。房主本人交友广泛,也让人忍不住小小地期待:今后这里还会出现什么样的快闪店铺呢?

老建筑通过设计获得重生,竣工后,其功能又得到进一步拓展;焕然一新的同时,也散发出了历久弥新的魅力。而这,则是无法单纯使用不动产价值基准进行衡量的。未来,也期待业界出现越来越多这样的作品。

玄关处的快闪区域

后记——空间的记忆

1996 年，跟随恩师隈研吾，我的建筑设计事业开始起步。当时，隈研吾老师和另外大概 15 名同事在一家设计事务所工作。那是一座昭和时代的二层木制小楼，位于东京青山一丁目本田本社大楼背面。那里原本是个旧浴场，一位前辈将浴池拆除，加以改装，便成了我们的工作区。我还记得，当时隈研吾老师的书桌也是用一个旧壁橱改造的。后来，小木楼被拆，事务所也搬到了附近的大厦里，但我对那里却一直记忆犹新。

当时的我，对小空间非常感兴趣，比如小到只能伸平双臂那种。后来，我遇到了家具品牌 IDÉE（意为理念）。

IDÉE SHOP 是 IDÉE 的旗舰店，是一座风格独特的四层建筑，距离表参道站稍有一段距离。这里不仅出售家具，同时也兼做旧书店、花店、画廊等，生活元素满满。

IDÉE SHOP 中最为重要的一部分，是咖啡馆 CAFÉ @IDÉE。

咖啡馆里，店员们被热闹的氛围包围着：这里既有购物途中休憩的顾客，也有附近上班的人前来吃午餐，还有些是过来谈设计合作的房主……

现在回想起来，可能就是从那个时候起，我开始意识到：长期停留在其中的人，便是空间的主角。

1999 年起，我开始着手 IDÉE 的项目，作为设计师，逐渐积累自己的行业经验。

当时的工作场地是经由Klein Dytham architecture（KDa，克莱因·戴瑟姆建筑事务所）和IDÉE设计师改造过的一座旧加油站，随着社会的变迁，这里曾经历过多次改装。

我主要负责把原本的商品展示区域改造成为咖啡馆"IDÉE Service Station"。我们拆掉外层包装的PC（聚碳酸酯）板，让旧有建筑裸露在外，唤醒着昔日加油站时代的记忆。我们让这种"旧"与咖啡馆的"新"在视觉上融合，于是便有了这家咖啡馆。而这里，也吸引了周围上班族和居民们日常光顾。

我曾在前言中写道，设计之于我，"就像是一场探寻答案、没有终点的旅程"。而回顾旅程伊始的记忆，其实原点正是本书所归纳的三个主题：环境、人和时间。

今后，我也会继续在设计中不断学习，不断实践，继续在旅程中，探寻有关这三个主题的答案。

最后，我要向肯定我的设计作品，并给予我宝贵出版机会的日本学艺出版社古野咲月女士表示感谢。同时，还有在墨尔本为我的采访提供全程协助的山仓礼士先生，在我进入瓶颈期时为我提供精神支持，并在工作上为我提供帮助的吉本淳先生、广濑苍先生，以及协助我采访拍摄的咖啡馆的店主、设计者及顾客们，非常感谢大家。

本书谨献给一直以来给予我鼓励和信任的爱人奈香。

2019 年 9 月　加藤匡毅

刊载店铺信息

01　Third Wave Kiosk

地　址　Torquay Front Beach, Victoria, Australia

网　站　thirdwavekiosk.com.au/

设计者　Tony Hobba Pty Ltd

规　模　58m²

结　构　—

竣工 / 开店 2015 年

02　CAFE POMEGRANATE

地　址　Jl Subak Sok Wayah, Ubud 80571, Indonesia

网　站　cafepomegranate.org/

设计者　中村健太郎

规　模　185m²

结　构　混合结构（钢筋混凝土 + 木结构）

竣工 / 开店　2012 年

03　BROOKLYN ROASTING COMPANY KITAHAMA

地　址　日本大阪府大阪市中央区北浜 2-1-16

网　站　brooklynroasting.jp/

设计者　DRAWERS

规　模　60.45m²+ 阳台 37.3m²
　　　　FLOWER SHOP 19.96m²

结　构　钢筋混凝土结构

竣工 / 开店　2013 年

04　Skye Coffee co.

地　址　Calle Pmplona 88, 08018 Barcelona, Spain

网　站　skye-coffee.com/

设计者　Sky Maunsell Studio

规　模　5.6m²

结　构　—（车辆）

竣工 / 开店　2014 年

05　HONOR

地　址　54 Rue du Faubourg St Honoré, 75008 Paris, France

网　站　honor-cafe.com/

设计者　Studio Dessuant Bone (Paris) & HONOR

规　模　14m²

结　构　木结构

竣工 / 开店　2015 年

06　the AIRSTREAM GARDEN

地　址　日本东京都涉谷区神宫前 4-13-8

网　站　airstream-garden.com/

设计者　T-plaster 水口泰基（提案）

规　模　40m²（含露台）

结　构　—（车辆）

竣工 / 开店　2015 年

07　Fluctuat Nec Mergitur

地　址　18 place de la République, 75010 Paris, France

网　站　fluctuat-cafe.paris/

设计者　TVK & NP2F

规　模　170m²

结　构　钢筋构架

竣工 / 开店　2013 年

08　Dandelion Chocolate, Kamakura

地　址　日本神奈川县镰仓市御成町 12-32

网　站　dandelionchocolate.jp/

设计者　Puddle + moyadesign

规　模　118.8m²

结　构　木结构

竣工 / 开店　2017 年

09　The Magazine Shop

地　址　Gate Village 8, Podium Level, DIFC, Dubai, UAE

网　站　—

设计者　Samuel Barclay，Anne Geenen

规　模　43.2m²

结　构　木结构

竣工 / 开店　2014—2017 年（闭店）

10　Seesaw Coffee – Bund Finance Center

地　址　中国上海黄浦区中山东二路 558 号 2 幢 104

网　站　Seesawcoffee.com/

设计者　Tom Yu Studio

规　模　室内 97m²+ 室外 92m²

结　构　—（承租，非独立建筑）

竣工 / 开店　2018 年

11　Dandelion Chocolate - Ferry Building

地　　址　One Ferry Building, San Francisco 94111, USA

网　　站　dandelionchocolate.com/

设计者　Puddle + moyadesign

规　　模　19.3m²

结　　构　—（承租，非独立建筑）

竣工 / 开店　2017 年

12　Slater St. Bench

地　　址　Suite 8, 431 St Kilda Rd, Melbourne, Victoria, 3004, Australia

网　　站　benchprojects.com.au/

设计者　Joshua Crasti and Frankie Tan of Bench Projects

规　　模　59m²

结　　构　—（承租，非独立建筑）

竣工 / 开店　2014 年

13　Starbucks Coffee 太宰府天满宫表参道店

地　　址　日本福冈县太宰府市宰府 3-2-43

网　　站　www.starbucks.co.jp/

设计者　隈研吾建筑都市设计事务所

规　　模　177.52m²

结　　构　木结构

竣工 / 开店　2011 年

14　SATURDAYS NEW YORK CITY TOKYO

地　　址　日本东京都目黑区青叶台 1-5-2 代官山 IV 大厦一层

网　　站　saturdaysnyc.co.jp/

设计者　General Design 一级建筑师事务所

规　　模　147.3m²

结　　构　钢筋混凝土结构

竣工 / 开店　2012 年

15　Blue Bottle Coffee 三轩茶屋店

地　　址　日本东京都世田谷区三轩茶屋 1-33-18

网　　站　bluebottlecoffee.jp/cafes/sangenjaya/

设计者　Schemata 建筑计划　长坂常、松下有为、仲野康则

规　　模　99.52m²

结　　构　钢筋混凝土结构

竣工 / 开店　2017 年

16　ONIBUS COFFEE Nakameguro

地　　址　日本东京都目黑区上目黑 2-14-1

网　　站　onibuscoffee.com/

设计者　铃木一史

规　　模　46.2m²

结　　构　木结构

竣工 / 开店　2015 年

17　GLITCH COFFEE BREWED @9h

地　　址　日本东京都港区赤坂 4-3-14

网　　站　glitchcoffee.com/

设计者　平田晃久建筑设计事务所

规　　模　13.2m²

结　　构　钢筋结构

竣工 / 开店　2018 年

18　六曜社咖啡馆

地　　址　日本京都府京都市中京区河原町三条南行大黑町 40

网　　站　rokuyosha-coffee.com/

设计者　Design Art

规　　模　38m²（地下）

结　　构　木结构

竣工 / 开店　1950 年

19　KOFFEE MAMEYA

地　　址　日本东京都涉谷区神宫前 4-15-3

网　　站　koffee-mameya.com/

设计者　14sd / Fourteen stones design

规　　模　42.9m²

结　　构　木结构

竣工 / 开店　2017 年

20　Elephant Grounds Star Street

地　　址　中国香港湾仔区永丰街 8 号

网　　站　elephantgrounds.com/

设计者　Kevin Poon collaboration with JJ Acuna

规　　模　160m²

结　　构　—（承租，非独立建筑）

竣工 / 开店　2016 年

21 KB CAFESHOP by KB COFFEE ROASTERS

地　址　53 avenue Trudaine, 75009 Paris, France

网　站　kbcafeshop.com/

设计者　KB Team

规　模　45m^2

结　构　一（承租，非独立建筑）

竣工 / 开店　2010 年

22 HIGUMA Doughnuts x Coffee Wrights 表参道店

地　址　日本东京都涉谷区神宫前 4-9-13 MINAGAWA VILLAGE #5

网　站　Coffee Wrights ▶ coffee-wrights.jp/

　　　　HIGUMA Doughnuts ▶ higuma.co/

设计者　CHAB DESIGN

规　模　51.26m^2

结　构　木结构

竣工 / 开店　2018 年

23 三富中心

地　址　日本京都府京都市中京区三条通富小路北东角中之

　　　　町 24-3 三富中心一层

网　站　santomi-center.jp/

设计者　cafe co.

规　模　24.63m^2

结　构　钢筋混凝土结构

竣工 / 开店　2018 年

24 Bonanza Coffee Heroes

地　址　Oderberger Str. 35, 10435 Berlin, Germany

网　站　bonanzacoffee.de/

设计者　Bonanza and Onno Donkers

规　模　70m^2

结　构　一（承租，非独立建筑）

竣工 / 开店　2006 年

25 ACOFFEE

地　址　30 Sackville Street, Collingwood, Melbourne, Victoria

　　　　3066, Australia

网　站　acoffee.com.au/

设计者　Frankie Tan, Joshua Crasti, Nick Chen, Byoung-Woo Kang

规　模　200m^2

结　构　砖 + 钢筋结构

竣工 / 开店　2017 年

26 Patricia Coffee Brewers

地　址　Rear of 493-495 Little Bourke st, Melbourne, Victoria

　　　　3000, Australia

网　站　patriciacoffee.com.au/

设计者　Foolscap Studio

规　模　38m^2

结　构　砖结构

竣工 / 开店　2011 年

27 NO COFFEE

地　址　日本福冈县福冈市中央区平尾 3-17-12

网　站　nocoffee.net/

设计者　14sd / Fourteen stones design

规　模　28.5m^2

结　构　钢筋混凝土结构

竣工 / 开店　2015 年

28 COFFEE SUPREME TOKYO

地　址　日本东京都涉谷区神山町 42-3 一层

网　站　coffeesupreme.com/

设计者　SMILIES

规　模　27m^2+ 屋顶 28.8m^2

结　构　钢筋结构

竣工 / 开店　2017 年

29 ABOUT LIFE COFFEE BREWERS

地　址　日本东京都涉谷区道玄坂 1-19-8

网　站　about-life.coffee/

设计者　铃木一史

规　模　16.55m^2

结　构　钢筋结构

竣工 / 开店　2014 年

30 MAMEBACO

地　址　日本京都府京都市上京区春日町 435Aoki 大厦一层

网　站　coffee.tabinone.net/mamebaco/

设计者　MAKE CREATION

规　模　3.3m^2

结　构　钢筋结构

竣工 / 开店　2019 年

31 CAFE Ryusenkei

地　址　日本神奈川县足柄下郡箱根町强罗 1300-72

网　站　cafe-ryusenkei.com/

设计者　设计事务所 ima

规　模　9m²

结　构　—（车辆）

竣工 / 开店　2013 年

32 FINETIME COFFEE ROASTERS

地　址　日本东京都世田谷区经堂 1-12-15

网　站　finetimecoffee.com/

设计者　成濑·猪熊建筑设计事务所

规　模　57m²

结　构　木结构

竣工 / 开店　2016 年

33 池渊牙科 POND Sakaimachi

地　址　日本大阪府岸和田市堺町 5-5

网　站　ikebuchidentaloffice.com/

设计者　Teruhiro Yanagihara

规　模　240m²

结　构　钢筋结构

竣工 / 开店　2017 年

34 Higher Ground Melbourne

地　址　650 Little Bourke St. Melbourne Victoria, 3000, Australia

网　站　highergroundmelbourne.com.au/

设计者　DesignOffice

规　模　450m²

结　构　—

竣工 / 开店　2016 年

35 Lune Croissanterie

地　址　119 Rose St. Fitzroy, Melbourne, Victoria 3065, Australia

网　站　lunecroissanterie.com/

设计者　—

规　模　440m²

结　构　—

竣工 / 开店　2015 年

36 OMOTESANDO KOFFEE

地　址　日本东京都涩谷区神宫前 4-15-3

网　站　ooo-koffee.com/

设计者　14sd / Fourteen stones design

规　模　33m²

结　构　木结构

竣工 / 开店　2011—2015 年（闭店）

37 walden woods kyoto

地　址　日本京都府京都市下京区荣町 508-1

网　站　walden-woods.com/

设计者　嶋村正一郎

规　模　132m²（一、二层合计）

结　构　木结构

竣工 / 开店　2017 年

38 artless craft tea & coffee/
artless appointment gallery

地　址　日本东京都目黑区上目黑 2-45-12 NAKAME GALLERY STREET J2（中目黑高架下 85）

网　站　craft-teaandcoffee.com/

设计者　Shun Kawakami & artless

规　模　67.61m²（仅含咖啡馆、画廊）

结　构　钢筋结构

竣工 / 开店　2017 年

39 Dandelion Chocolate, Factory & Cafe Kuramae

地　址　日本东京都台东区藏前 4-14-6

网　站　dandelionchocolate.jp/

设计者　Puddle + moyadesign

规　模　409.2m²

结　构　木结构

竣工 / 开店　2016 年